はじめまして数学

リメイク

吉田 武 著

東海教育研究所

Hello Mathematics!　Remake

Y<small>OSHIDA</small> Takeshi
Printed in Japan
ISBN978- 4- 924523- 22- 7

「はじめまして」は期待の言葉

　これまで何となく「数学を遠ざけてこられた」皆さんにも，充分に数学を楽しんでもらおうと考え，その気持ちを「はじめまして」という新鮮な言葉に込めました．期待に胸ふくらませながら

"はじめまして数学"　" Hello Mathematics !"

と明るく元気に挨拶をかわして下さい．本書を切っ掛けに，一人でも多くの方に「はじめました，数学」といって頂けるよう，工夫してまいります．

　「算数」だとか「数学」だとかいった名前にこだわらず，学校で習ったことも，習っていないことも気にしないで，大きな気持ちで自由に読んで下さい．今まで知らなかったことを知れば，ちょっと得した気持ちになる，友達に話ができる，それで充分です．**さあ，はじめましょう，数学を！**

著者

リメイク！

　本書は，三分冊として出版されていました『はじめまして数学』シリーズを合本すると共に，その内容を見直して"リメイク"したものです．

　時が流れ，引用した出来事や，周辺の環境も大きく変わりました．それらを修正すると共に，全般的に表現やレイアウトなども見直し，これから先，長く読んで頂けるように工夫しました．

　また，イラストはすべて新しく描き直して頂きました．その結果，旧版よりも，さらに鮮やかなものになったのではないか，と考えております．

子供のための入門書，大人のための再入門書

です．学校で御家庭で，のんびり読んで下さい．

目次

第三部：二階建ての数「分数」の世界

第一部で学ぶこと

　数学を学ぶには「数」の勉強からはじめるのが普通の方法です．第一部では，自然数の性質からはじめて，四則計算の仕組みや，計算に使われる言葉などを学んでいきます．

　続いて，「無限」の持つ驚くべき性質をご紹介いたします．分けても，分けても"同じだけ存在する"，こんな奇妙な性質を持つ無限，アレフ・ゼロを楽しみましょう．

　また，数の原子である「素数」を用いて，自然数を再構成する手法を学びます——それは「素因数分解」と呼ばれます．巨大素数を調べ，それが現代の情報社会に欠かすことのできない「暗号」に利用されていることをご紹介いたします．

　そして最後は，不思議な不思議な素数の分布を支配する「素数定理」についての話です．素数定理から新たに広がる数の世界を，数学者は「ゼータの世界」と呼んでいます．これは現代数学最大の問題につながっていきます．

自然数を追え、無限を掴まえろ

【第一部】

「1」からはじめよう

　数学の基礎，それは数です．そこで，まずは「数」の勉強からはじめましょう．本書では，学校ではあまり扱わないような細かいことも含めて，じっくりと時間をかけて調べていきます．

　「習うか・習わないか」ではなく，「大切か・大切ではないか」，「面白いか・面白くないか」が話題として採り上げる判断の基準です．

　それでは"数とは何だろうか？"，このことから考えていきましょう．

数とは何だろうか？

　分かり切ったことのように思えても，あらためて質問されると難しいものです．たとえば，猫三匹と立木三本の両方に，「三」が登場しますが，一体，猫と立木に共通する「三」，「3」という数字は何を意味するのでしょうか．そんなこと当たり前だ，と思わずに一度じっくりと考えることにしましょう．

　猫が，猫であるための色々な特徴をすべて取り除いて，そこに「ある塊」が三つあると考えます．立木においても同様です．

　物に備わったあらゆる特徴を捨て去って，その量に注目して表すとき，そこに「3」という数字が現れてくるのです．すなわち"数とは量の影である"ということができます．

　人が赤ん坊から成長して，"自分"と"他人"の区別が付いたとき，「1」という数字の意味が分かりはじめます．このように，私達が自他の区別をし，物の個数を数えるために，ごく自然に理解している数を，数学では「**自然数**」と呼んでいます．

　この自然数の"生い立ち"をたずねることにしましょう．

$$1+1 \to 2,$$
$$2+1 \to 3,$$
$$3+1 \to 4,$$
$$4+1 \to 5,$$
$$5+1 \to 6,$$
$$6+1 \to 7,$$
$$7+1 \to 8,$$
$$8+1 \to 9$$
$$9+1 \to 10,$$
$$\vdots$$

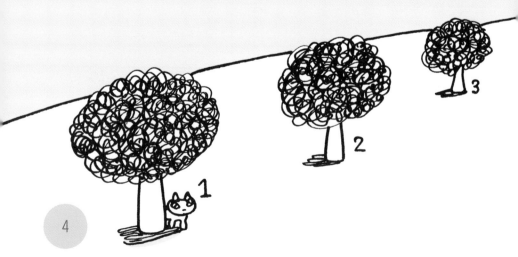

　自然数は，1からはじまって，順に1を足していくことで，簡単に作ることができます. すなわち，自然数には必ず"次の数"があり

$$1, 2, 3, 4, 5, 6, 7, 8, 9, 10, 11, 12, 13, 14, 15, \ldots$$

と続いていきます. そこに"最後の数"と呼ぶべきものはありません──記号「...」は，その後に同じような続きがあることを表します.
　したがって，一番小さい自然数は1，一番大きい自然数はありません. ですから，友達同士で大きな数の言い合いをやっても，決して勝負はつきません. このような「永遠に勝負がつかない争い」のことを，大人は"子供のけんか"と呼んで，その愚かさを戒めています──大人も時々，"子供に戻る"ようですが.

　話を元に戻しましょう. 自然数を何気なく眺めていると，大きさの決まったブロックのように，まるで個性のない冷たい存在のように見えるかもしれませんが，決してそんなことはありません.

　ある"眼鏡"をかけて見てやると，綺麗な模様が次から次へと現れてきます．この魔法の眼鏡は物ではなく"考え方"です．

　先人は，数を楽しみ，数を知るために，様々な面白い眼鏡を用意してくれました．これから順にご紹介していきます．

自然数が持つ大事な性質

　最初の話題として，"自然数が持つ一番大事な性質"について採り上げます．皆さん，「足し算」「掛け算」はできますか．

　なんでもかまいません，自分の好きな自然数を二つ選んで，それらを足したり，掛けたりしてみて下さい．

　たとえば，二つの数を11，22と選べば

$$11 + 22 = 33, \quad 11 \times 22 = 242$$

となります．この結果，33，242は，共に自然数：

$$1, 2, 3, 4, \ldots, 32, \mathbf{33}, 34, \ldots, 241, \mathbf{242}, 243, \ldots$$

ですね．自然数同士を足したり，掛けたりした結果は，必ず自然数の中に見付かります．これはとても大切な性質です．

　皆さんが，じゃんけんをして何かを決めようというとき，突然「グー」「チョキ」「パー」以外のもの，たとえば，人差し指と親指を丸めて「OK」なんて出す人がいれば，もう勝負はつきませんね．

　それは「OK」が，他の何に勝ち，何に負けるのか，そのルールが決められていないからです．

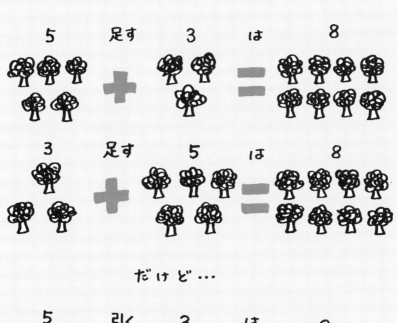

5　足す　3　は　8

3　足す　5　は　8

だけど…

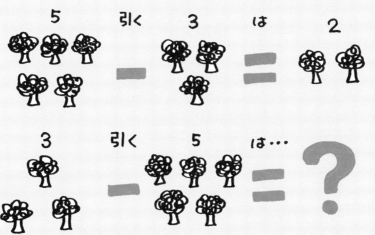

5　引く　3　は　2

3　引く　5　は…　＝　？

　自然数の計算も同じことで，自然数同士の計算結果が，もし自然数にならないとしたら，新しいルールを決めなければなりません．それは「自然数」とは違う仲間を作ることを意味します．

　たとえば，5から8は引けません．3を2で割ると割り切れません．いずれも計算の結果は，"自然数以外の数"になってしまいます．

　自然数の中から勝手に数を選んで，本当に自由にできる計算は，「足し算」と「掛け算」だけなのです． このことは，この二つの計算が，その順番を変えても結果が変わらないこと，たとえば

$$11 + 22 = 22 + 11, \qquad 11 \times 22 = 22 \times 11$$

などとも関係しています——「引き算」「割り算」では，計算順を変えれば結果も変わりますね．

ここでは，自然数は物の個数を数えることから生まれた数で，その中では足し算と掛け算が自由にできることを知りました．皆さん，実際に好きな数を選んで"自分の手"で確かめてみて下さい．

電卓やコンピュータは，確かに"計算"はしてくれますが，代わりに考えてはくれません．紙と鉛筆を用意して，自分の手で一つずつ計算を確かめていくと，知らず識らずのうちに，一番大切な"考え方"が身に付いてきます．

世の中で，自分で考える力を持った人ほど"強い人"はいません．また，自分で考えるほど面白いこともありません．本に書いてあるから，先生が言ったから，といってそのまま信用せずに，必ず"自分の手"で確かめて下さい．そうすれば，不思議なことが山のように出てきて，どんどん数学が楽しくなっていきます．

2 等しさを調べよう

　自然数の足し算，掛け算を説明する中で，何気なく使っていた記号「＝」．この記号の働きと意味について，考えてみましょう．

等式を考える

　数学では，数字や記号を使って，何かを表したものを「式」，あるいは「数式」と呼びます——式には，色々なものがあり，それぞれに名前が付いていますが，無理に覚える必要はありません．

　ここでは，記号「＝」で表された式について，その表す意味を調べます．この記号は「等号」，あるいは「イコール」と読みます．

　"長さの等しい二本の平行線ほど，等しいものはない"というところからデザインされた記号です．その意味からも，多少長めに横線を引きましょう，短いとカタカナの「二」と間違えてしまいます．

　等号で結ばれた式は「等式」と呼ばれ，等号の両側が等しいことを表します．この等号の右側を「右辺」，左側を「左辺」，合わせて「両辺」といいます——読みは"うへん""さへん""りょうへん"です．

　具体例を考えてみましょう．たとえば

$$3 + 5 = 8$$

ですが，これを「3足す5は8に等しい」と読みます，英語風に「3プラス5イコール8」と読んでもかまいません．

　特に声を出して読む場合には，最後に「〜に等しい」という言葉を付けることを，しばらくの間は習慣にしましょう．

　等式は，等号の両側が等しい，という意味ですから，入れ替えて

$$8 = 3 + 5$$

と書いても示す内容は変わりません.
　等式を「天秤ばかり」にたとえると理解し易いでしょう．左側の皿に三個の玉が載っており，そこにさらに五個の玉を載せます，右側の皿に何個の玉を載せれば，釣り合うでしょうか.
　当然八個の玉を載せれば，はかりは釣り合いますね.

　さて次に，釣り合った天秤ばかりの裏側に回って，はかりを見て下さい．右が左に，左が右に，皿の位置は変わっていますが，表側から見ようと裏側から見ようと，釣り合いには変わりがないはずですね.
　これが「等式」の意味です.

つりあってる…。

記号は正しく使おう

　ところで、「3+5=8」を面倒がって、「3足す5は8」と読む人がいます。一見、大した問題ではないように思えますが、実はこれは記号にまつわる深い問題を含んでいます。

　たとえば、皆さん一人ひとりに名前があります。この名前という記号を、自分の持ち物に付けておけば、友達の物と間違わずにすみますが、名前そのものが、皆さん自身でないことは言うまでもありません。
　しかし日頃から、「＝」を「〜は」という意味だと思って使っていると、ついつい"イチロー = 150cm"などと書いてしまいます。確かにイチロー君の"身長"は 150cm かもしれませんが、"イチロー"は"身長"ではありません。

裏から見ても同じだね。

Ⓐ〜Ⓓのうち、「なんとなく、ちがうもの」を二つえらびましょう。

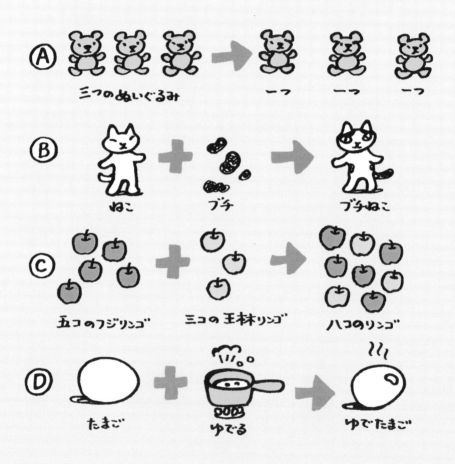

Ⓐ 三つのぬいぐるみ ➡ 一つ 一つ 一つ

Ⓑ ねこ ＋ ブチ ➡ ブチねこ

Ⓒ 五コのフジリンゴ ＋ 三コの王林リンゴ ➡ 八コのリンゴ

Ⓓ たまご ＋ ゆでる ➡ ゆでたまご

Ⓑと Ⓓ
こたえ

　記号には色々な意味が重なっています．それをいちいち断らずに使い分けるところにその便利さがあるのですが，一方でこのように間違う危険性も大いにあるのです．

　便利だと思ってこのような使い方をしていると，数学はもちろんのこと，話をしたり，手紙を書いたりする際に，自分の考えを正確に相手に伝えられない人になってしまいます．

　"イチロー ＝ 150cm""イチロー ＝男"などと書いているうちに，"男 ＝ 150cm"などという大失敗をするかもしれません．

　また，先の式の逆の関係：「8＝3+5」を，「8 は 3 足す 5」と読むと，またまた困ったことになります．それは「足し算の結果が 8 になる組合せは，他にいくつも考えられる」からです．

　もう一度，天秤ばかりを使って考えましょう．釣り合っている皿の上で，玉をいくつずつ区切ろうと釣り合いは崩れません．

　すなわち

$$8 = 3 + 5$$
$$= 2 + 6$$
$$= 1 + 7$$
$$= 4 + 4$$
$$= 1 + 1 + 1 + 1 + 1 + 1 + 1 + 1$$

など，皿の上での分け方とは無関係に，全体の玉の個数が同じでありさえすれば，等号が成り立つことが分かります．したがって，この場合も「8 は 3 足す 5 に等しい」と読むのがよいわけです．

　皆さんは，等号を上下にしっかりとそろえて計算を続けるようにして下さい．この正式な書き方にしたがえば，"ノートは縦長に使う"ということになります．ここで言う"正式"とは，間違う可能性が低い，という意味です．横に並べて計算していくと，どんな計算名人でも間違いが増えるものです．よいことは何もありません．

　計算の書き方のコツは，鉛筆を使って堂々とした大きな字で，ていねいに等号をそろえて書くことです．小さな字では間違いも小さなところを探さなければならないので大変です．

　実は，等号には，いくつかの異なった意味が隠されています．しかし今，皆さんにとって大切なことは，「〜に等しい」と読む癖を付けることです．式を言葉で表すこと，式を一つの文章として見ることは，とても大切なことです．そして，先に例に挙げたように，本当に等しくないものを「＝」を使って書いたりしないことです．

　もし，短く書くために記号を用いたいのであれば，矢印記号「→」をお勧めします．矢印には"等しい"という強い意味はないので安心して使えるでしょう．

7	=	6	+	1
7	=	5	+	2
7	=	4	+	3
7	=	3	+	4
7	=	2	+	5
7	=	1	+	6

3 大きさを比べよう

　自然数は物の個数を数えることから生まれ，1から順に大きくなって，そこに最大の数はないことを知りました．

　ここで，もう一度"数える"ということの意味を考えてみましょう．

不等号とは何だろう？

　皆さん，運動会で紅白に分かれて玉入合戦をやりますね．このとき，どちらが勝ったか，大きな声を上げながら，「一つ，二つ……」と両軍の球を籠から取り出して，空高く投げ上げます．白玉一個に対して赤玉一個を順に投げて，持ち玉が切れた方が負けになります．

　この方法は，選手がたとえ「数」というものを知らなくても，どちらが多いか一目で分かるところが特徴です．また，このようにすれば間違うことが少ないのも確かです．

　この"同時に一つずつ空に投げ上げる方法"ではなく，それぞれが勝手に玉の個数を調べて，後で比べることでも判定はできます．このとき，私達は玉一個に一つの自然数を割り当てて，その結果を持ち寄り，その数の大小で勝ち負けを決めているわけです．

　これが"数える"ということです．つまり，**数えるとは，そのものがいくつかの塊になっていて，それぞれに自然数を一つずつ，もれなく割り当てること**をいうわけです．

　また，**自然数は1からはじまり，順に1を足してできた数ですから，"何番目"という物の「順序」を表すこともできます**．自然数が順番に一つずつ大きくなっていく性質，たとえば，2は1より1だけ大きく，同じように3は2より1だけ大きいこと，この大小の関係を

1＜2，　　2＜3，（これを，2＞1，3＞2と書いても同じ）

と書きます．記号「＜」「＞」は「不等号」と呼ばれています——不等号を使った式を「不等式」といいます．これは，等号記号「＝」のように，"イコール"といったカッコイイ呼び名はありません．

「1は2より小さい」とか「2は1より大きい」とか，式の意味そのままに読みます．この記号を用いれば，自然数の大小関係を

1＜2＜3＜4＜5＜6＜7＜8＜9＜10＜11＜12···

と書くことができます．すなわち，1以外の自然数は，どの数も1だけ小さい数と，1だけ大きい数に挟まれて並んでいるわけです．

もちろん，不等号を用いた表し方は，隣同士の数に限りません．

$$1 < 10 < 1000, \qquad 2061 > 2010 > 2001$$

なども正しい関係です.

賢い代金の払い方

　この考え方は，毎日の生活の中で大変便利に使われています．
皆さん，買物に行ったとき，代金の勘定をしますね．たとえば，151
円，246 円，373 円の三つの商品を買った場合，合計金額がすぐに分
からなくとも，「全部で千円は越えない」ということにさえ気が付け
ば，千円札を出しておつりを待っていればよいわけです．これは

$$151 + 246 + 373 < 1000$$

が分かっている，ということですね.

　このように私達は日常的に，およその見当を付けて，それより多めにお金を払い，細かい計算は店の人に任せて済ませることが多いのですが，このような"見当"はどのようにして身に付くのでしょう.

　その一つの方法は，たとえば，次の三つの関係：

$$151 < 200, \quad 246 < 300, \quad 373 < 400$$

から，実際の値段をいったん忘れて，200 円，300 円，400 円の買物をしたと考え，その合計金額 900 円を支払うために「千円札を使おう」と頭の中で計算することによります.

　さらに，同じ考え方を用いて

$$100 < 151, \quad 200 < 246, \quad 300 < 373$$

ですから，100 円，200 円，300 円を足し合わせて 600 円になる，ということから五百円硬貨では足りないことが分かります．

以上のことを組合せれば

$$600 < 151 + 246 + 373 < 1000$$

となり，実際の足し算の結果，すなわち，770 円をたとえ知らなくても，ゆうゆうと代金を支払うことができるわけです．

今の場合には，足し算が非常に簡単にできるような例だったので，皆さんもあまり「不等号」のありがたみは感じられなかったでしょう．しかし，**数学においては，そのものズバリの数字を扱う「等号」を用いた関係と同じか，あるいは，それ以上に数の大小関係も重要な意味を持っているのです．**

　ここで，計算が得意な友達を困らせる"秘術"をお教えしましょう．皆さんは，今学んだ不等号の威力によって，あらゆる計算の"正解"を一瞬のうちに出すことができるのです．

　たとえば，友達が「646＋1185＋1964＋2020 はいくつ」と聞いてきたら，すかさず「答は，1 より大きくて 10000 より小さい」と答えればいいのです．また，紙に

$$1 < 答 < 10000$$

と書いてもいいでしょう．これは，数学的にまったく正しい答です．

　もし，この答に友達が不満そうなら「ちょっと用事を思い出した」といって走って逃げましょう．たぶん，その友達は，その答の不思議さに驚いて，追いかけては来ないでしょう．

4 数の表し方

　皆さんは，何かスポーツをやっていますか？　遊びも勉強も，長く続けるには体力が大切です．体は鍛えておきましょう.

　数あるスポーツイベントの中でも，もっとも注目が集まるのは，やはりオリンピックですね．ちなみに 1964 年に開催された東京オリンピックは，英文では「**The Games of the XVIII Olympiad**」と表記されます．これが正式の表記なのですが，皆さん，これが何回目を表すか分かりますか．ここでは数の表し方について調べていきます.

色々な数の表し方

　人類と「数」の関わりは，その誕生からほどない時にはじまりましたが，その表し方が，今皆さんが学んでいるような形になってきたのは，それほど昔の話ではありません.

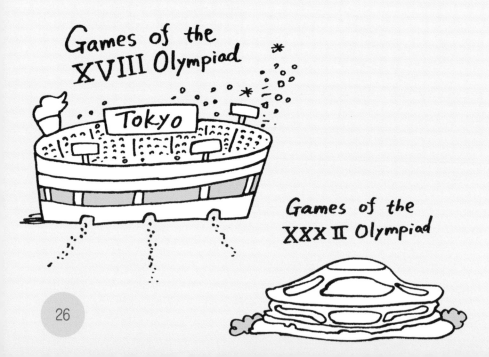

　先のオリンピックの表し方は「**ローマ数字**」を用いたもので，私達が日常使う**アラビア数字**(1, 2, 3, 4, 5, ...)を用いた表記とは

1	2	3	4	5	6	7	8	9	10	50	100	500	1000
I	II	III	IV	V	VI	VII	VIII	IX	X	L	C	D	M

という関係にあります.

　この表し方では，たとえば，「X」はその書かれた場所によらず常に「10」を表します. また，数はすべて記号の足し算になります. よって

$$XVIII = X + VIII$$
$$= 10 + 8$$
$$= 18$$

より，東京五輪(1964)は十八回目だった，ということが分かります
── 1964年をこの方法で表すと，どんなに大変なことになるか一度
挑戦してみて下さい．この方法の欠点は，大きな数字を扱うために
は，その分だけ新しい記号が必要になることと，足し算や掛け算など
の数同士の計算が非常に難しくなることです．

「漢数字」による数の表し方も，同じ難しさを持っています．基本
になる数の単位も順に

一

十

百

千

万（十万，百万，千万）
億（十億，百億，千億）
兆（十兆，百兆，千兆）
京（十京，百京，千京）

:

と変化していきますし

一兆二千三百四十五億六千七百六十五万四千三百二十一

（= 1234567654321）

を見て，その大きさを掴むことも簡単ではありません．
　そして，漢数字の場合も，その最大の弱点は，大きな数を表す単位
を，次から次へと考えていかなければならない点です．

　現在，私達は，主に「アラビア数字」（計算に便利なので，算用数字ともいいます）と「位取り」と呼ばれる数の表し方を用いて生活しています．使われる数字は全部で(1,2,3,4,5,6,7,8,9)の九個です．たとえどんなに大きな数でも，わずかこれだけで表すことができます．

29

ただしアラビア数字の場合，ローマ数字のように，どこに書いても同じ大きさを表すのではなく，それが右から数えて何番目に書かれたか（右端を一桁目，次を二桁目 …. と順に呼びます）ということに意味を持たせています．これが「位取り」です．そのためには，九個の数字とは別に"空き"を表す記号が必要になります．

空きの記号「0」

コンピュータに興味のある皆さんは，キーボードの真ん中下にある「スペース・キー」を知っているでしょう．

日本語はとても素晴らしい言葉で，縦にも横にも書けます．しかも，間を空けずに続けて書いて意味が通じます．ところが，英語は縦には書けず，さらに

I have a book. （"私は本を持っている"という意味）

というように，単語と単語の間に隙間（スペース）を空けて書かなければなりません．"Ihaveabook"では文になりません．すなわち，英語は"隙間も一つの意味を持っている"わけです．

　位取りも同じように"空き"を必要とします．数字は1から9までで尽きてしまったので，一つズラしてその上の大きさを表したいのですが，"ズラした"ということが明瞭に分かるためには，空きを表す記号が無ければ困ります．同じ1を用いても

　　1□，　1□□，　1□□□，　1□□□□，　1□□□□□

はそれぞれ違う数である，といいたいわけです．

　そこで10をひとまとめの単位にし，「空きを表す記号」として「0」を使う数の表し方ができました．これで私達は，一十百千万といった単位なしでも，1と0とを組合せるだけで

ゼロの発見。

おおっ…

31

$$1, 10, 100, 1000, 10000, 100000, \ldots$$

と，いくらでも大きな数を簡単に扱うことができるようになりました.

しかし，0もある程度以上多くなってきますと，書くのも読むのも煩わしくなってきますし，間違いも増えます. そこで，10が掛け合わされた回数に注目して，次のように書くことにします.

$$100 = 10 \times 10 = 10^2,$$
$$1000 = 10 \times 10 \times 10 = 10^3,$$
$$10000 = 10 \times 10 \times 10 \times 10 = 10^4,$$
$$100000 = 10 \times 10 \times 10 \times 10 \times 10 = 10^5,$$
$$\vdots$$

10^2 は10の二乗，10^3 は10の三乗……，以下同じように読みます.

たとえば，1964は

$$1964 = 1000 + 900 + 60 + 4$$
$$= ①\times 10^3 + ⑨\times 10^2 + ⑥\times 10 + ④$$

と分解できます. この表し方を見れば，いつも数字の後ろには10が隠されていて，数字の位置が左に一つ移動するごとに，その大きさは10倍，10倍と増えていくことが分かります. この表し方に慣れた皆さんは，隠れた10のことは忘れて，その前の四つの数字①⑨⑥④が何桁目に位置するかで，数の大きさを理解しているわけです.

普段私達が使う数の表し方は，1から9までの数字と空きの記号0を用いた10を単位とする「位取り記数法」だったのです.

1964の
うしろに
かくれているもの　　　　　なるほど。

5　計算の方法

　数には，色々な表し方があることをご紹介しました．そして，書く場所によらず，いつも同じ数を表す「ローマ数字」や「漢数字」の表記法と比べて，私達が日頃使っている「位取り記数法」とは，どのような数の表し方なのかを調べました．

　ここでは，この記数法が，計算にどれほど便利なのかを考えます．

横に並べる計算，縦に並べる計算

　位取り記数法によれば，１から９までの数字と記号０のわずか十個で，どのような大きな数でも表すことができます．

　なお，自然数だけを考える"今の私達の立場"では，０は"数"ではありません．位取りのためのただの"空きの記号"です．したがって，代わりに□や△や他のどのような記号を使っても，正しく内容を表すことができます．

　そして，もう一つの大切な特徴として，"計算のしやすさ"ということが挙げられます．ローマ数字などを用いて，お金の計算をするのは大変な労力と技術を必要としますので，一握りの人達にしか"計算"というものはできませんでした．

　しかし，算用数字と位取り記数法のお陰で，特別教養の高くない普通の人々でも，努力さえすれば自分の手で"計算"ができるようになったわけです．当時，計算を仕事としていた一部の選ばれた人達は，算用数字があまりに計算しやすいので，これでは自分達の仕事が無くなると考え，その普及を妨害した，とも伝えられています．

　ここで例として，二桁の数同士の足し算，掛け算をやってみましょう．二つの数 23，12 を考えます．

まず，足し算からです．二つの数をそれぞれ分解して

$$23 + 12 = (20 + 3) + (10 + 2)$$
$$= (20 + 10) + (3 + 2)$$
$$= 30 + 5$$
$$= 35$$

とすれば，簡単に計算できますね．

この二つの数を，縦に並べて計算する方法もあります．

$$
\begin{array}{r}
23 \\
+)\,12 \\
\hline
35
\end{array}
\quad
\begin{array}{l}
\longleftrightarrow \quad 20+3 \\
\longleftrightarrow \quad 10+2 \\
\longleftrightarrow \quad 30+5
\end{array}
$$

右側に，それぞれの数を分解したものを合わせて書きました．

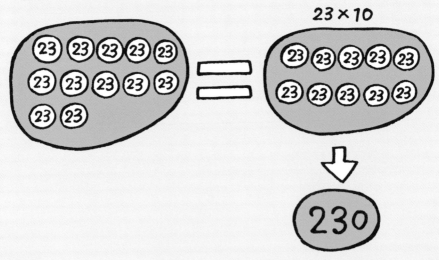

両者を比べると,「同じ位で上下に並んだ数をそれぞれ足し合わせる」という縦型の計算の「位取り」の意味が分かりますね.

次に掛け算 23×12 をやってみましょう. これは

$$23 \times 12 = 23 + 23 + 23 + 23 + 23 + 23$$
$$+ 23 + 23 + 23 + 23 + 23 + 23$$

のことですが,これを次のようにまとめると簡単に結果が得られます.

$$23 \times 12 = (23 + 23 + 23 + 23 + 23 + 23$$
$$+ 23 + 23 + 23 + 23) + (23 + 23)$$
$$= 23 \times 10 + 23 \times 2$$
$$= 230 + 46$$
$$= 276.$$

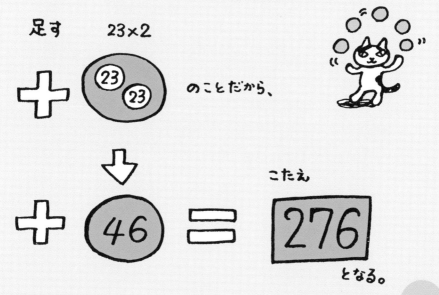

足す　23×2

のことだから、

こたえ

276

となる。

すなわち，便利な計算の方法として

$$23 \times 12 = 23 \times (10 + 2)$$
$$= 23 \times 10 + 23 \times 2$$

が成り立つわけです．これを数の「**分配**」ということがあります．
また，縦に数を並べる方法では下のようになります．

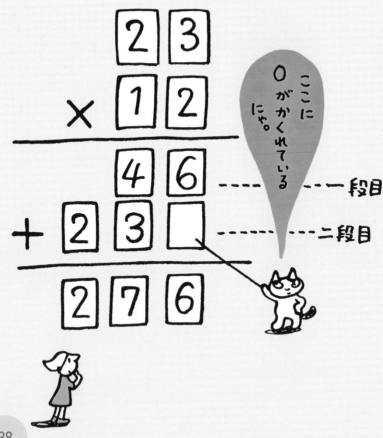

場所が大切

　この方法では，"数が置かれている場所"が大切です．もし，上下に並んだ 46 と 23 の位置を間違えば，正しい結果は得られません．

　でもどうして，一つ数字がズレているのでしょうか．それは，「分配」を使って計算した結果と比べてみればよく分かります．実は，一つ数字がズレているように見えるのは，230 の 0 をハッキリと書かないことから生じているのです．

　二段目の計算は，23 に 1 を掛けたように見えますが，本当は，10 を掛けているのです．ただ，位取りの性質を使っているので，1 を掛けているように見えるだけなのです．

　すなわち，縦型の計算では，一段ごとに横型での「分配」された一部だけを計算し，最後にそれらを位取りに注意しながら足し合わせることによって，答を得ているわけです．

　縦型は，大きな数同士の掛け算に特に便利な方法ですが，逆に暗算でおよその計算結果を知りたい場合などには適しません．

　正しく計算することは確かに大切ですが，23×12 ならば，これを 23×10 と見なして，答は 230 より大きい，と頭の中で準備できるようになることは，もっと大切です．

　数学で，キッチリとした計算ができて，答がスッキリと求められるのは，実は珍しいことなのです．皆さんはいつも，試験問題とか練習問題とかいう形で，"誰かが何度も解いた問題"を与えられているので，「数学は必ず答が求められるものだ」と思いこんでしまうのですが，本当はそううまくはいかないのです．

　そういった正確に解けない場合にも役立つのは，"およその大きさを掴む"という考え方です．本当の大きさに近いものを探す方法を，**「概算」**とか**「近似」**とかいいますが，この考え方を身に付けておけば，計算中に"数の桁を間違う"といった大失敗をする心配がほとんどなくなります．

　手計算は，確かに手間が大変です．しかし，もし先に示したような計算を電卓にまかせれば，一秒の何分の一かで答が得られる代わりに，計算のルールや便利な方法などを自分で発見する機会を失います．この意味で，手計算を軽んじたり，計算機にばかり頼っていては理解が深まりません．**まずは"数学は手で学ぶもの"と考えて下さい．**

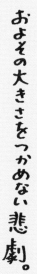

およその大きさをつかめない悲劇。

6 時の計算法

　皆さんの身の回りにある「時計」や「録画機」にも，実は"数の表し方"が大きく関係しています．さて，どのような数学が隠されているのでしょうか．まずは昔々の話，"前世紀末の話"からはじめます．

時の表し方

　私達が日頃計算などに使っている数の表し方は，位取り記数法であることを学びました．すでに示しましたように，たとえば，西暦を

$$1998 = 1 \times 10^3 + 9 \times 10^2 + 9 \times 10 + 8$$

のように分解すれば，その仕組がよく分かります．

　このように，西暦は本来四桁の数ですが，私達には「98年も終わり，99年になりました」というように，下二桁で表す習慣があります．

　この悪い癖は，二十世紀の中頃に発明されたコンピュータにも受け継がれました．将来，大問題になると見抜けなかったのです．

　2000年になると1900年と区別が付かなくなり，コンピュータの内部では"時代が百年前に戻ってしまう危険性"がありました．これが「**西暦二千年問題（Y2K）**」と呼ばれた"世紀の大問題"でした．

　銀行のカードが使えなくなったり，免許が無効になったりしては，社会は混乱してしまいます．そこで，この問題の解決のために，多くの人が大奮闘をしました．省くと後が大変ということですね．

　話を戻しましょう．**このような10をひとまとめにした数の表し方を「十進数」**（あるいは十進表記）**と呼びます**．特別に断らない限り，数の計算は十進数を元に行う約束です．

Y2K問題
次の五人の人を、古い順に 並べよ。

① 夏目漱石
'67年生まれ

② 空海
'74年生まれ

③ レオナルド・ダ・ヴィンチ
'52年生まれ

④ ドストエフスキー
'27年生まれ

⑤ モーツァルト
'56年生まれ

そんなのわかるかいな。

① 1867年
カ 1821年
⑤ 1756年
③ 1452年
⑦ 774年
〈こたえ〉

　しかし，私達の生活の中で，数がすべて十進数で表されているわけではありません．例外は色々とあります．

　たとえば，"時間"です．一秒から順に数えていきましょう．

$$
\begin{aligned}
\text{一秒} \quad &\times 60 \quad \rightarrow \quad \text{一分,} \\
\text{一分} \quad &\times 60 \quad \rightarrow \quad \text{一時間,} \\
\text{一時間} &\times 24 \quad \rightarrow \quad \text{一日,} \\
\text{一日} \quad &\times 365 \quad \rightarrow \quad \text{一年}
\end{aligned}
$$

ですね．ここで，「秒」「分」「時」「日」「年」という単位が登場しました．次に，この時間を「秒」に換算してみましょう．

一分　　→ 60 秒,

一時間 → 60×60＝3600 秒,

一日　 → 3600×24＝86400 秒,

一年　 → 86400×365＝31536000 秒,

小学校（六年間）→ 365×6　＝2190 日 → 189216000 秒,

成人（二十年間）→ 365×20＝7300 日 → 630720000 秒,

還暦（六十年間）→ 365×60＝21900 日 → 1892160000 秒,

還暦までの食事 → 21900×3＝65700 食.

　どうですか，六十歳まで二万日あまり，日数に変えて見ると意外と少ないものでしょう．このように，私達は，過ぎていく時間をかなり複雑な形で表しています．

　では，十万秒とは「何日・何時間・何分・何秒」でしょうか．一気に答を出そうとせずに，日・時間・分・秒と分けて計算していきます．

ある猫の一生

一週間 (7日)
604800秒

二ヶ月 (62日)
5356800秒

一年 (365日)
31536000秒

二年 (730日)
63072000秒

二年と二ヶ月 (792日)
68428800秒

二十年 (7300日)
630720000秒

　一日が 86400 秒ですから，二日には足りません．そこで，まず一日の秒数を引き算して，100000 − 86400＝13600 より，十万秒は「一日と 13600 秒」です．続いて，13600 を一時間の秒数で割ってみると，13600÷3600＝3 余り 2800 から，十万秒は「一日と 3 時間と 2800 秒」ということが分かります．さらに，2800÷60＝46 余り 40 より

十万秒とは，**1 日と 3 時間と 46 分 40 秒**.

また，この計算を逆に振り返れば，以下のようになります．

$$100000 = 1 \times (24 \times \underline{60 \times 60}) + 3 \times \underline{60 \times 60} + 46 \times \underline{60} + 40$$
$$= \mathbf{1} \times (24 \times 60^2) + \mathbf{3} \times 60^2 + \mathbf{46} \times 60 + \mathbf{40}.$$

下線部を見れば，時間が 60 を一つのまとまりとしていることが分かります．さらに，日，年となると 24，365 が入ってくるわけです．

60 進法

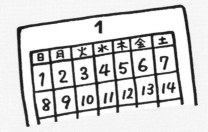

7 進法（週）
12 進法（年）

　ところで，江戸時代は，一日は二時間毎の 12 分割でしたので，一日中の意味で「**二六時中**」が使われましたが，今は 24 分割なので，「**四六時中**」になりました——九九（2×6＝12，4×6＝24）による言葉遊びです．英語では 12 までが特に重要視されており，固有の名前（one～twelve）がありますが，13（thirteen）からは組立式です．

録画を無駄なくする方法

　このような時間の計算が自由にできるようになると，さらに「数」に対する理解が深まります．次は，その応用例を紹介しましょう．

　録画機は画質により，録画できる総時間数が変わってきますね．ここでは，「高画質で二時間・低画質で六時間」録画できるディスクに対して，"二種類の画質"を混在させて番組を収める方法を考えます．

28進法(月)？

365進法

江戸時代の一日

　さて，このディスクは，友達が 45 分のアニメを「高画質」で録画して貸してくれたものです．アニメを見た後に 40 分のドラマと一時間半のスポーツ番組を録画して返したいのですが，「高画質」と「低画質」をどのように使い分ければ，無駄なく録画できるでしょうか．

　まず，二時間録画できるディスクに，すでに「高画質」で 45 分録画されているので

$$2 \times 60 - 45 = 75（分）$$

が残りです．スポーツは，$1 \times 60 + 30 = 90$（分）必要なので，「高画質」では 15 分足りません．しかも，これではドラマが入りません．

　録画したい総時間数は，$40 + 90 = 130$（分）ですが，残りすべてを「低画質」にすれば，$75 \times 3 = 225$（分）も録画できるので，ディスクの容量がずいぶん余ってしまいます．何とか工夫して高画質の部分を増やし，ディスクを有効活用したいものです．

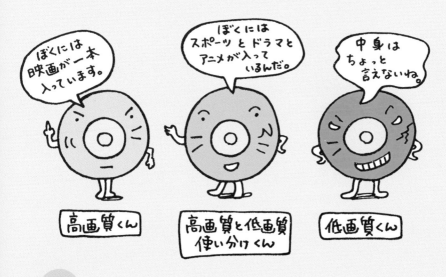

ぼくには
映画が一本
入っています。

ぼくには
スポーツ と ドラマと
アニメが入って
いるんだ。

中身は
ちょっと
言えないね。

高画質くん　　高画質と低画質
使い分けくん　　低画質くん

そこで，まずドラマを「高画質」で録画しましょう．そうすると残りは，75－40＝35（分）となります．この残った時間を「低画質」にすれば，35×3＝105（分）も録画できるわけで，スポーツもゆうゆう入ります．結局，このディスクには

$$45 + 130 = 175 = 2 \times 60 + 55$$

より，全体で2時間55分録画され，残り時間は「低画質」で105－90＝15（分）となりました──「高画質」では15÷3＝5（分）．これで無駄なくディスクが使えました．友達も喜んでくれるでしょう．

以上のことから，私達に身近な"時間"は，計算に使う十進数とは"異なる繰り上がりをする数"だということが分かりました．

最近では，個人でコンピュータを所有することが，当たり前のようになってきました──携帯電話も中身はコンピュータです．**このコンピュータの内部では，スイッチの「ON」と「OFF」というもっとも単純な電気回路の特性を活かすために，「二進数」が使われています．**

ON・OFF により定まる一つの単位を「ビット」と呼びます．コンピュータに詳しい人は，この用語を聞いたことがあると思いますが，これは「二進数」による数の表し方に対応しているのです．

また，クラス委員の選挙などで，票を数えるのに黒板に「正」の字を書きますが，これは「正」が五画の漢字であることを利用した"五進数"的な表し方である，といえます．

計算に使う十進数以外にも，私達のまわりには色々な数の表し方があるものです．皆さんも調べてみて下さい．

7 計算に使われる言葉

　ここでは，"数計算の基本のまとめ"として，生活をしていく上で欠かすことのできない「四則計算」についての話をいたします．

四則計算

　「四則計算」とは，もっとも大切な四つの計算，すなわち，「足し算」「引き算」「掛け算」「割り算」をまとめて表すときに使う言葉です．
　数学では，これらの計算をする場合，次の記号を使います．

足し算には「＋」，　引き算には「－」，

掛け算には「×」，　割り算には「÷」．

記号はていねいに書く必要があります．特に，割り算「÷」は，引き算「－」と間違えないように，上下の黒丸をしっかりと書いて下さい．

　ただし，「÷」は学年が上がるにつれて，徐々に使われなくなり，記号「/」が主になっていくでしょう．特に，コンピュータで用いられる言葉（プログラミング言語と呼ばれています）では，「÷」はまず使われません．また，国際的にも「/」を使う国のほうが多いようです．

　具体的に数字を決めて計算してみましょう．

　たとえば，7，3を使えば

　　　　　足し算：7 ＋ 3 ＝ 10，

　　　　　引き算：7 － 3 ＝ 4，

　　　　　掛け算：7 × 3 ＝ 21，

　　　　　割り算：7 ÷ 3 ＝ 2 ・・・ 余り 1

となります――記号「/」を用いれば，7/3と表記できます．

　少し難しい言い方になりますが，これら四則計算のそれぞれを

加法（足し算），　**減法**（引き算），
乗法（掛け算），　**除法**（割り算）

とも表現します．

　そして，「〜を足す」という代わりに「〜を加える」，「引く」の代わりに「減ずる」，「掛ける」の代わりに「乗ずる」，「割る」の代わりに「除する」ということもあります．これより，四則計算のことを「加減乗除」とも表現できるのです，なかなか響きの好い言葉でしょう．

　また，四則計算において

足した結果を「**和**」，　引いた結果を「**差**」，
掛けた結果を「**積**」，　割った結果を「**商**」

と呼びます．先の例（7 と 3 の四則計算）の場合なら

和は 10，　差は 4，　積は 21，　商は 2

ということになります．

　四則計算で使われる言葉を一気に大公開しました．
　一度にたくさんの用語が出てきましたが，よく使う言葉ですから，焦らなくても大丈夫．自然に身に付いていきます．

似たものを組合せる

　四則計算は，見方によって二つの組に分かれます．まずは，「**足し算・引き算**」組と，「**掛け算・割り算**」組の二つに分けて考えましょう．

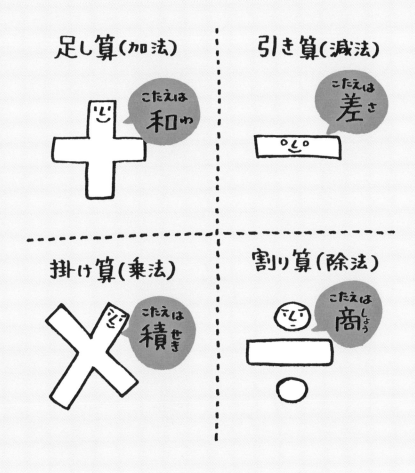

　足し算したその数を，そこからすぐ引いたり，掛けた数ですぐ割ったりしてみましょう．たとえば

$$7 + 3 - 3 = 10 - 3 = 7,$$
$$7 \times 3 \div 3 = 21 \div 3 = 7$$

です．両方とも，計算結果は元の数7に戻っています．

　このことは，**足し算と引き算**，**掛け算と割り算**が，互いに「**逆の計算**」であることを示しています．**数学では，ある計算とその逆の計算を一つの組として考えます**——近い将来，「**微分**」（不思議な割り算のこと），「**積分**」（凝った掛け算のこと）を勉強する人も多いと思いますが，この二つの計算法も互いに逆の関係になっています．

　もう一つの分け方は，「足し算・掛け算」組と「引き算・割り算」組です．この場合，それぞれの組にどのような特徴があるでしょうか．

　「足し算・掛け算」組では，すでに論じましたように，自然数の中で自由に計算ができて，結果は必ず自然数の中に見付かります．
　一方，「引き算・割り算」組の方では，結果が必ず自然数になる，というわけにはいきません──ただし，数の選び方によっては，引き算も割り算も，結果が自然数になり，この組分けの意味はなくなります（たとえば，8－2＝6，8÷2＝4の場合などです）．
　このように，具体的な数値を例に採りながら，計算に興味を持って調べていくと，特定の自然数だけではなく，全体に成り立つルールが予想できるようになり，一段と面白さが増してきます．

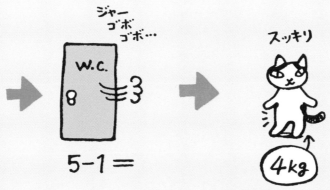

ジャー
ゴボ
ゴボ…

W.C.

5-1＝

スッキリ

4kg

※注（戻らない人もいますが、
それはまた、別のお話…。）

　皆さんは，よく"夢"を見ると思いますが，何故，夢を見たことが分かるかといえば，それはその後で"起きる"からですね．寝たまま，夢見たままでは，決してそれが夢だとは分かりません．寝たり起きたりが自由にできて，はじめて"あれは夢だった"と分かるわけです．

　計算も同じことで，足したり引いたり，掛けたり割ったり，自由に両方を行ったり来たりできるようになって，ようやく計算の仕組が身に付いてくる，四則計算全体の姿が見えてくるのです．

　新しい言葉がたくさん出てきましたが，何も恐れることはありません．これらの言葉は，長い間に自然に身に付いていくものですし，もし，言葉が覚えられなくても，その内容さえ理解できていればそれで充分です．ですから，言葉を覚えるために時間を取ろうとせず，その分たくさん計算をして下さい．

掛けると割る。

手の指は10本。

六人 あつまれば…

$$10 \times 6 = \underline{60}本$$

指は
60本。

では 問題。

1 2
3 4

ブタの足は
四本。

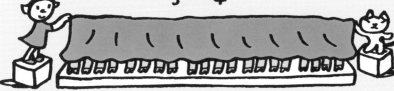

ここには何匹のブタがいますか?

こたえ
20本÷4
=5で
5匹。

8 計算の仕組

　四則計算に使われる言葉や，四つの計算（加減乗除）のお互いの関係などを調べてきました．ここでは，さらに具体的な計算を積み重ねて，その要点を掴むことにしましょう．

計算の"人気投票"

　さて，四則計算，加減乗除の中で，どの計算が好きか嫌いか，人気投票をやればどんな結果が出るでしょうか．これは，やらなくてもだいたい予想が付きます．おそらく「足し算」が一番人気です．次は「掛け算」です．「引き算」は嫌いな人が多いでしょう．

　もっとも人気のない，不人気ナンバーワンの座に輝くのは，なんといっても「割り算」でしょう．足し算，掛け算は，直接的な計算ですが，引き算，割り算は，先に示しましたように，逆計算の立場（足し算，掛け算を利用して）から，計算を進めることが多いでしょう．

　このことが，これら二つの計算を苦手とする人が多い理由でしょう．「足したり掛けたりする」ことは，何か前向きで明るい感じがしますが，「引いたり割ったりする」ことは，自分の持ち物を他の人に取られるような感じがするからかもしれません．

特に，割り算は割り切れない場合，「余り何々」という"おまけ"まで付いてきて，大変面倒に感じます．答も

$$7 \div 3 = 2 \cdots 余り 1$$

というように，「商」と「余り」の二つを書かなければなりません．

　もちろん，これが「割り算」の"本来の姿"なのですが，ここで「掛け算の逆」ということを利用して

$$7 = 3 \times 2 + 1$$

と書き直すことができれば，より理解が深まります．すなわち

　　　割られる数 ÷ 割る数 ＝ 商…余り

　　⟷　割られる数 ＝ 割る数 × 商 ＋ 余り

という書き換えです．
　好き嫌いの話はともかくとして，足し算と掛け算が具体的な計算の基本となることは事実です．そこで，一桁の数の計算を表の形にまとめておきましょう．

＋	1	2	3	4	5	6	7	8	9
1	2	3	4	5	6	7	8	9	10
2	3	4	5	6	7	8	9	10	11
3	4	5	6	7	8	9	10	11	12
4	5	6	7	8	9	10	11	12	13
5	6	7	8	9	10	11	12	13	14
6	7	8	9	10	11	12	13	14	15
7	8	9	10	11	12	13	14	15	16
8	9	10	11	12	13	14	15	16	17
9	10	11	12	13	14	15	16	17	18

〈足し算の表〉

　私達は，数を横に並べようと，縦に並べようと，その計算は一桁同士の足し算，掛け算になるよう細かく砕いて計算するしかないのです．そこで，一桁の数同士の計算に苦しむ人は，全体の計算も難しい，ということになります．逆に，一桁の計算がしっかりできる人は，どんな大きな数の計算も間違いなくできるわけです．

　したがって，表にある計算がその第一歩となります．この点，私達は大変恵まれています．「ににんがし」「にさんがろく」といった九九算表の語呂の良さは，本当に素晴らしいものです．

数表を見て分かること

　さて，二つの表の両方で成り立っていることがあります．左上から右下に向けての，右下がりの対角線に注目して下さい．

✕	1	2	3	4	5	6	7	8	9
1	1	2	3	4	5	6	7	8	9
2	2	4	6	8	10	12	14	16	18
3	3	6	9	12	15	18	21	24	27
4	4	8	12	16	20	24	28	32	36
5	5	10	15	20	25	30	35	40	45
6	6	12	18	24	30	36	42	48	54
7	7	14	21	28	35	42	49	56	63
8	8	16	24	32	40	48	56	64	72
9	9	18	27	36	45	54	63	72	81

〈掛け算の表〉

対角線にそって右上の部分と左下の部分に同じように数字が並んでいるのが分かりますか．なかなかきれいですね．どうやら，これらの表は，半分を見れば全体が分かる仕組になっているようです．

特に，九九算表の右下がり対角線に並んでいる計算は大切です．そこには1から9までの二乗が並んでいます．

$$
\begin{array}{ll}
1^2 = 1, & 11^2 = 121, \\
2^2 = 4, & 12^2 = 144, \\
3^2 = 9, & 13^2 = 169, \\
4^2 = 16, & 14^2 = 196, \\
5^2 = 25, & 15^2 = 225, \\
6^2 = 36, & 16^2 = 256, \\
7^2 = 49, & 17^2 = 289, \\
8^2 = 64, & 18^2 = 324, \\
9^2 = 81, & 19^2 = 361, \\
10^2 = 100, & 20^2 = 400.
\end{array}
$$

さらに，20までの二乗も知っておくと，色々と活用できます．

ここでは，四則計算を実際におこなう場合の基本となる，足し算，掛け算の表を作りました．割り算の不人気の理由も考えました．

それでもまだ，「割り切れる場合はまだましだが，割り切れない場合は面倒なだけで少しも面白くない」と思われているでしょうか．

実際，"がっかりした気分"のとき，"割り切れない"という言葉を使うことがありますから，いかにも不人気です．しかし，本当はとても大切な計算で，決して"がっかり"するものではありません．

後で，"余り"が大きな役割を果たす計算をご紹介しますから，楽しみにしていて下さい．

九九について "考える"

「九九」の表は，丸ごと暗記するように習います．皆さんのように，記憶力が旺盛な時期にこれを暗記しておかないと，後になればなるほど，覚えることに苦労します．チャンスを逃さないで下さい．

しかし，うまく覚えられない人も，時期を逃して苦労している人もいるでしょう．そこで，丸暗記ではなく，九九について考えてみます．

×	1	2	3	4	5	6	7	8	9
1	1	2	3	4	5	6	7	8	9
2	2	4	6	8	10	12	14	16	18
3	3	6	9	12	15	18	21	24	27
4	4	8	12	16	20	24	28	32	36
5	5	10	15	20	25	30	35	40	45
6	6	12	18	24	30	36	42	48	54
7	7	14	21	28	35	42	49	56	63
8	8	16	24	32	40	48	56	64	72
9	9	18	27	36	45	54	63	72	81

九九の表

将棋盤

縦・横に配置された対象を指定する方法は，色々とあります．

数学では，横の並びを「行」，縦の並びを「列」と表現する場合が多いのですが，将棋の場合には，横を「段」，縦を「筋」と呼んでいます——「後手8五飛」と書くだけで，駒の配置が一つに決まります．

これで，九九の表において，「4の行・5の列」にある数字は「20」だと指定できますね．これを「し・ご・にじゅう」と読んでいるわけです——以後，「行」の数字を先に読むと約束しておきます．

ここでは，九九の表から分かることをまとめて，これから学ぶ内容である"掛け算の順序"などを先取りする形で，話を進めていきます．

　九九は81組の計算をまとめたものですが，1に関する計算は，相手の数そのものになるので，省いてもいいでしょう．また，同じ数どうしの掛け算は，他の計算の目安にもなる特別に重要なものなので，表から引き抜いて，別に覚えましょう．その結果，次の表を得ます．

×	2	3	4	5	6	7	8	9
2		6	8	10	12	14	16	18
3	6		12	15	18	21	24	27
4	8	12		20	24	28	32	36
5	10	15	20		30	35	40	45
6	12	18	24	30		42	48	54
7	14	21	28	35	42		56	63
8	16	24	32	40	48	56		72
9	18	27	36	45	54	63	72	

×	2	3	4	5	6	7	8	9
2	4							
3		9						
4			16					
5				25				
6					36			
7						49		
8							64	
9								81

　先にも示しましたが，左側の表のよう書けば，掛け算の順番を変えても結果が変わらないことが，よりよく分かりますね．つまり，暗記するのは，右上か左下のどちらか半分の数字だけでいいわけです．

×	3	4	5	6	7	8	9
2	6	8	10	12	14	16	18
3		12	15	18	21	24	27
4			20	24	28	32	36
5				30	35	40	45
6					42	48	54
7						56	63
8							72

　そして，これを暗唱するときに，一つの工夫をします．たとえば

し・ご "ご・し" **にじゅう**

ご・ろく "ろく・ご" **さんじゅう**

という風に，間に小さな声で逆順計算の "つぶやき" を挟むのです．

　こうして，「**81組の九九**」の中から，「1に関わる17組」を除き，「同じ数の掛け算8組」を別に覚え，その残りを "逆順も含めて一気に発声する" ことで，「**28組にまで減らす**」ことができます．

　この方法の特徴は，大きな声で "ご・し" と言えば，言葉の上での逆順 "し・ご" が自然に出てくるところです．

9　計算ルールを体験しよう

　四則計算を間違いなく，効率的にするために，便利に使える「計算のルール」があります．これまで何気なく使ってきたものも含めて，ここでもう一度じっくりと考えてみましょう．

予想すること，例を作ること

　四則計算は，加・減・乗・除の四つの計算がうまく絡み合っています．もし，四則計算の中で，どのような数を考えても成り立つ「ルール」があれば，さらに安心して計算ができます——特定の数でだけ成り立っても，それでは使い道が限られてしまいます．

　しかし，勝手に好きな数を選んで，そのどの数でも「ルール」が成り立つことを明らかに示すこと——これを「証明」といいます——は，なかなか難しいものです．**数学では，証明されたルールのことを「定理」，あるいは「公式」と呼んでいます．**

　では，その証明するべき「ルール」は，どうやって見付けるのでしょうか．**それは"カン"を働かせて「予想」するのです．**

　カンといっても魔法のように空から降ってくるわけではありません．スポーツ選手が厳しい練習をして技を身に付けるように，面倒くさがらずにたくさん計算をしていくうちに，なんとなく「この場合はうまくいくんだけど，別の場合はどうなんだろうか」といった感じで，やり方が分かってくるのです．

　証明の細かいことを知る必要はありません．問題が解けなくてもかまいません．皆さんにとってもっとも大切なことは，自分で問題を見付けることです．うまくいきそうなルールを予想することです．

　そして，そのルールが，どんな場合に成り立ち，どんな場合に成り立たないか，飽きずに例を当たってみることです．数学は，お金もかからず，道具もいらない，宝探しのゲームみたいなものです．

ルールを確かめよう

　さて，足し算と掛け算は，自然数の中で自由に数を選んでできました．先に示しました「足し算表」「掛け算表（九九）」を思い出して下さい．右下がり対角線に対して，右上の部分と左下の部分が同じ数の並びになっていましたね．そこで，**「一般に，足し算，掛け算は，二つの数を入れ替えても結果は変わらない」**という予想を立てましょう．

　このルールは，どんな数の計算にも当てはまりそうに思えますが，どうでしょうか．具体的に数字を 3, 5 と選んで予想を書きます．

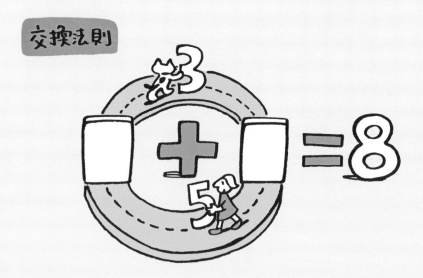

$$3 + 5 = 5 + 3 = 8, \qquad 3 \times 5 = 5 \times 3 = 15$$

玉を並べて図にしてみると，次のようになります．

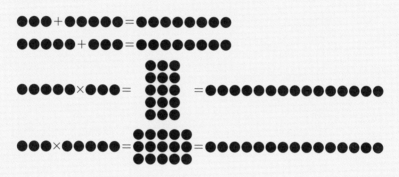

左右を入れかえても結果は同じ。

　二つの数を変えてたくさんの例を作ってみて下さい．手を動かすことが理解への近道です．「このルールは，どんな自然数に対しても成り立ちそうだ」という感じがしてきましたか．

　次に，「**加法だけ，乗法だけの計算では，計算をする順番を変えてもよい**」という予想を立て，それを確かめるために例を作ります．

$$(2 + 3) + 4 = 5 + 4 = \ 9 \longleftrightarrow 2 + (3 + 4) = 2 + \ 7 = 9,$$
$$(2 \times 3) \times 4 = 6 \times 4 = 24 \longleftrightarrow 2 \times (3 \times 4) = 2 \times 12 = 24.$$

　確かに結果は変わりません．これも玉を描いて確かめてみて下さい．このルールも他の数の組合せでも成り立ちそうです．

　今までの二つの予想は，加法は加法だけ，乗法は乗法だけの場合でしたが，乗法と加法が混ざり合った場合のルールもありそうです．

　たとえば

$$2 \times (3 + 4) = 2 \times 7 = 14 \longleftrightarrow 2 \times 3 + 2 \times 4 = 6 + 8 = 14$$

という一つの計算結果から，「**外の数字を括弧内のそれぞれの数字に配るように掛けても，結果は変わらない**」と予想してみましょう．

　この場合も玉を描いて，その個数を数えてみれば，だんだん意味が分かってくるでしょう．これもいくつか別の数の組を作って，計算したり，図を描いたりしてみて下さい．

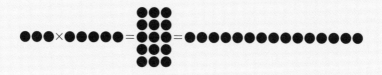

　今扱った三つの予想は，どれもすべての自然数で成り立つ大事な
ルールで，それぞれ「交換法則」「結合法則」「分配法則」という厳め
しい名前が付いていますが，皆さんはそんな名前にはおかまいなし
に，これらのルールの意味するところを，自分自身の手を動かして得
た具体的な計算例の中から見出して下さい．

　なお，四則計算が混じりあった式の中では，乗・除を先にしなけれ
ばなりません．たとえば，以下の下線部に注目して下さい．

$$2 + \underline{3{\times}4} = 2 + 12 = 14.$$

ここで，2+3を先に計算すると"ルール違反"になります．
　もし，皆さんが式を書いて誰かに見せるとき，特に加・減の計算を
先にやってほしい場合には

2+3+4+6×8＋10+5+9 −3 +1 +5 +6×2 +1 +6 +7 +2 ×

$$(2 + 3) \times 4 = 5 \times 4 = 20$$

と括弧を用いて，先に計算する部分を明快に示さなければなりません.

　ここでは，実際の計算から，広く成り立つルールを予想し，それをより確かなものにするために図を描き，具体的に計算することの大切さを学びました.

10 自然数を分ける

これまで，計算に使われる言葉や，ルールについてご紹介してきました．ここからは，身に付けた計算力を使って，"自然数の仕組を探る旅"に出ることにしましょう．

偶数と奇数

先に，割り算は，"手間が大変で不人気計算のナンバーワンかもしれない"と「割り算」君には大変失礼なこと言いました．このままでは「割り算」君も"割り切れない思い"がするでしょう．

ここで名誉を回復しておきましょう．「数」そのものを調べる立場からは，割り算，特に「余り」が一番大切な役割を果たすのです．

まず，自然数1, 2, 3, 4, 5, 6, 7, 8, 9, ...を2で割って，余りの有る無しにしたがって分けてみましょう．

割り切れる：2, 4, 6, 8, 10, 12, 14, 16, 18, 20, ...

1余るもの：1, 3, 5, 7, 9, 11, 13, 15, 17, 19, ...

というように，2で割り切れるものと，2で割って1余るものの二つの数の組ができます．この数の組をそれぞれ「偶数」（割り切れる），「奇数」（1余るもの）と呼びます．すなわち

偶数：2, 4, 6, 8, 10, 12, 14, 16, 18, 20, ...

奇数：1, 3, 5, 7, 9, 11, 13, 15, 17, 19, ...

です．このようにして，「自然数は，偶数と奇数に分けられる」ことが分かりました．

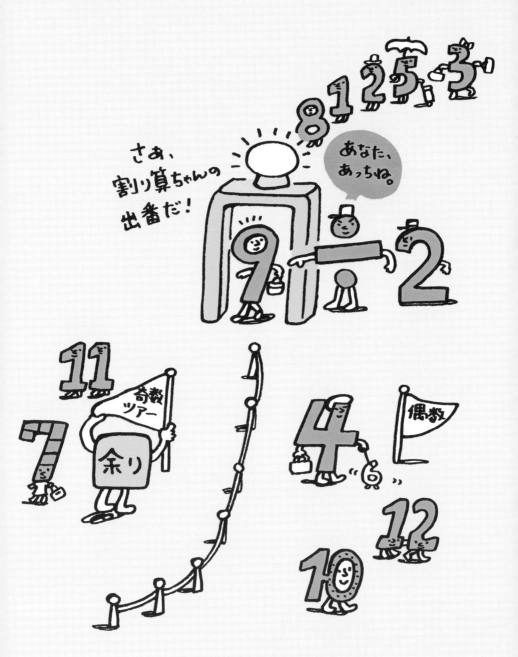

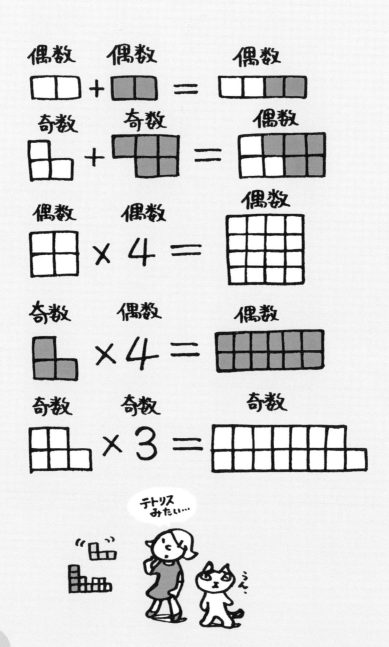

　自然数に限りがないように，偶数にも奇数にも限りはありません．
したがって"最大の偶数""最大の奇数"といったものもありません．
　それでは，偶数，奇数は具体的にはどのような性質を持っているの
でしょうか．たとえば，偶数と偶数を足し合わせれば，やはり偶数に
なりますし，奇数と奇数を足し合わせても偶数になります．

　実際に数を決めてやってみましょう．

$$2 + 2 = 4, \quad 3 + 5 = 8.$$

　それでは偶数と奇数を足し合わせればどうなるでしょうか．これは
奇数になりますね．たとえば，次のようなものです．

$$3 + 4 = 7, \quad 5 + 10 = 15.$$

　偶数，奇数を掛け合わせた結果は，皆さんでやってみて下さい．い
きなり全部をやってしまおうとしないで，具体的な例をたくさん作っ
てみて予想を立てることが大切です．いくつか例を挙げておきます．

$$2 \times 4 = 8, \quad 6 \times 10 = 60, \quad 3 \times 5 = 15,$$
$$7 \times 11 = 77, \quad 2 \times 5 = 10, \quad 9 \times 12 = 108.$$

　自分で作った例がうまくいったからといって，もちろん"すべてが
OK！"なわけではありません．しかし，実際に具体例を作らなけれ
ば"新しい発見"はできないのです．
　楽しみながらいくつか例を作っていけば，いずれ自分自身の力で
"すべての場合にうまくいく方法"を見付けることができるでしょう．

どれが一番多いだろう

さて，ここで面白くて・不思議で・信じられない，トンデモナイ話をご紹介しますから，よく注意して読んで下さい．

以前，物の個数を数える，ということは，一つずつ自然数と合わせていくことだ，という説明をしました．液体のようなものは，直接数えることはできませんが，塊になっているものならば，自然数と突き合わせることによって"数えられる"はずです．

たとえば

● ● ● ● ● ● ● ●
1 2 3 4 5 6 7 8

より，なるほど玉の個数は八個あると分かります．

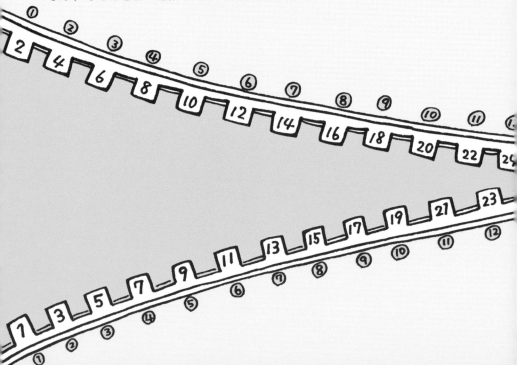

それでは，偶数はいくつあるのでしょうか．

今書いたように，一つ，二つ，と偶数は数えられます．それでは，玉のように，自然数を張り付けていきましょう．

偶数：2　4　6　8　10　12　14　16　18　20 ⋯
　　　↑　↑　↑　↑　↑　↑　↑　↑　↑　↑
自然数：1　2　3　4　5　6　7　8　9　10 ⋯

どちらも限りのない数ですから，これで数え終わり，ということはありません．しかし，一つの偶数に一つの自然数を突き合わせることは，確かにできているわけですから，「**偶数は数えられて，自然数と同じだけある**」という結論になります．

この事情は，奇数の場合でも同じことで，「**奇数も自然数と同じだけある**」ことになります．

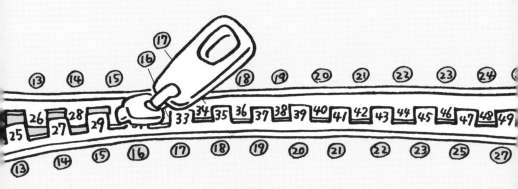

$$
\begin{array}{c}
\text{奇数：} 1 \quad 3 \quad 5 \quad 7 \quad 9 \quad 11 \quad 13 \quad 15 \quad 17 \quad 19 \cdots \\
\uparrow \quad \uparrow \quad \uparrow \quad \uparrow \quad \uparrow \quad \uparrow \quad \uparrow \quad \uparrow \quad \uparrow \quad \uparrow \\
\text{自然数：} 1 \quad 2 \quad 3 \quad 4 \quad 5 \quad 6 \quad 7 \quad 8 \quad 9 \quad 10 \cdots
\end{array}
$$

さあ，どうしましょう．十個のアンパンを二人で分ければ五個ずつ．十億円を山分けすれば，分け前は五億円ずつ．どんな大きな数であっても，二つに分ければ，その数は半分になるのが"常識"ではないでしょうか．これは大変なことになりました．

もともと自然数を二つに分けて作った偶数と奇数が，どちらも元の自然数と同じだけある，というのです．こんなことがあっていいのでしょうか．二つに分けても減らないなんて，そんなことが……，いや実際起こってしまったのです，

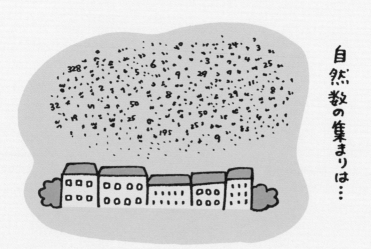

自然数の集まりは…

分けても減らない…。

11 新「ウサギとカメ」物語

　自然数は，2で割った場合の"余りの有る無し"によって，偶数と奇数という二つの数の集まりに分かれることを知りました.

　そして，驚くべきことに，自然数の一部である偶数も奇数も，実は自然数と同じだけ存在することが示されたのでした. 不思議な話があるものです. しかも，この話には，まだまだ続きがあるのです.

分けても，分けても……

　偶数と奇数の"作り方"を思い出しながら，自然数を3で割って，その余りに注目します. 今度は「割り切れるもの」，「1余るもの」，「2余るもの」の三種類に分かれますね. 具体的に書いてみましょう.

割り切れる：	3	6	9	12	15	18	21	24	27	30	…
1余るもの：	1	4	7	10	13	16	19	22	25	28	…
2余るもの：	2	5	8	11	14	17	20	23	26	29	…
自然数：	1	2	3	4	5	6	7	8	9	10	…

　この場合も，偶数，奇数と同様に自然数と突き合わせていきますと，やはりどれも自然数と同じだけある，ということになります.

　まったく同じように，自然数を4で割った余りによれば

割り切れる：	4	8	12	16	20	24	28	32	36	40	…
1余るもの：	1	5	9	13	17	21	25	29	33	37	…
2余るもの：	2	6	10	14	18	22	26	30	34	38	…
3余るもの：	3	7	11	15	19	23	27	31	35	39	…
自然数：	1	2	3	4	5	6	7	8	9	10	…

エントリーNo. ①

カメ
・標準スピード
・一歩ずつ確実に前進。
・疲れを知らない。

エントリーNo. ②

ふつうウサギ
・2倍速
・好物はにんじん。
・意外と努力家。

エントリーNo. ③

ロケットウサギ
・5倍速
・アメリカうまれ うまれ
・おおざっぱな性格だが
 けしてなまけない。

エントリーNo. ④

ワープウサギ
・10倍速
・日本うまれ
・すぐ逃げてしまうが
 やっぱり努力家。

という表が完成します．やはり，それぞれが自然数と同じだけの数を
持つ集まりになっています．

　このようにして，自然数は割る数にしたがって，いくつにでも分け
られるのです．そして，百通りに分けようと，千通りに分けようと，
それらはどれも自然数と同じだけの数を持つ集まりになります．

　それでも，これまでの例では，数の"飛び"は小さいものでした．
偶数，奇数ならば一つおきですし，3で割った場合は二つおきです．
これらが自然数と同じだけあるというのは，なんとなく「まあ，そう
かなあ」と思われたかもしれません．

　では，次の例はどうでしょうか．

　たとえば, 十倍ずつ大きくなる数の集まりを考えると, 数の飛びは, すさまじい勢いで大きくなっていきます. 自然数が "カメ" だとしたら, こちらは "ロケットエンジン付きのウサギ" です. アッという間に見えなくなってしまいます.

　それでも "自然数カメ" は一歩一歩追いかけて, 番号を付けていきます. 逃げても逃げても, カメの追跡は終わることがないので, 結局

```
1 10 100 1000 10000 100000 1000000 10000000 100000000 …
1  2   3    4     5      6       7        8         9   …
```

と続いていき, やはりカメも, ロケットウサギと同じだけ進んでいくことが分かります.

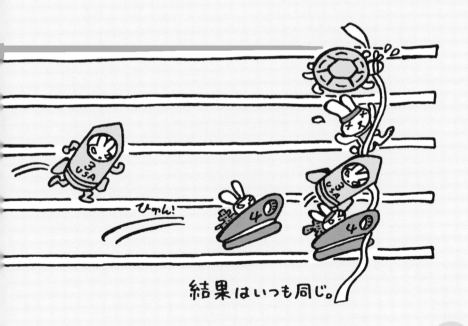

結果はいつも同じ.

もっともっと数が爆発的に大きくなっていっても同じことです．たとえ，"ワープウサギ"が登場してきても，カメは少しも驚きません．地道に一つひとつ数えていくだけです．

ただ，この新版「ウサギとカメの物語」は，ウサギもなかなかの努力家で，決して止まらないところが童話とは違います．したがって，カメがウサギを追い越すことはありません．ウサギが，どのような工夫をしようとも，必ず"引き分け"になる奇妙な競争なのです．

「アレフ・ゼロ」登場

常識外れのこの結論は，"限りがない"（これを無限ともいいます）**という言葉を使うときに現れます．**限りがある場合，たとえそれが一億だろうと一兆だろうと，分ければ分けられたその部分は，必ず元のものより小さい，という常識が通ります．

しかし，ひとたび"限りない"ということを認めてしまうと，**"部分と全体が一致してしまう"**という不思議なことが起こるのです．「無限」というものの性質に神秘を感じざるを得ません．そんなに簡単に「〜は無限だ」などという表現は使えない気持ちになります．

この「自然数の無限」を「アレフ・ゼロ」という言葉で表します．

どうですか，カッコイイ名前でしょう，アニメのヒーローを思わせます．"無限の勇者アレフ・ゼロ"という主人公はどうでしょうか．

このヒーローは，限りなく弾の出る"自然数バズーカ砲"が武器です．また，分身の術が得意で，相手の数に応じて分裂しては，それぞれの大砲から，まったく同じように，限りなく弾を撃つのです．

12 無限のまとめ

"無限の勇者アレフ・ゼロ"の強さの秘密を探りましょう．その主要な武器である"自然数バズーカ"からは，限りなく弾が出てきます．打ち出された弾を順に数えても，"数え終わる"ことはありません．また，敵の数に合わせて，分身の術でいくつにも分裂しますが，それぞれが元とまったく"同じ強さ"で，やはり限りなく弾が出るのです．まさに最強のヒーローですね．

さて皆さんは，「限りない」，あるいは，「無限」によく似た言葉で，「無限大」という言葉を聞いたことがあるかもしれません．数が限りなくおおきくなっていった，その果ての果てのことを印象的に無限大と名付け，それを記号「∞」で表すのです．

しかし，これが格好良すぎて便利すぎて……．特に，これを"無限に大きい数"と考えると，色々と奇妙なことが起こってしまいます．

わはははは！！

打っても，打っても……

　確かに自然数バズーカからは次々に弾が発射されますが，ヒーローを独りで戦わせるわけにはいきません．手伝いがしたいものです．

　そこで，敵に当たることなく落ちた弾を拾って，手渡すことにしました．さすがはヒーロー，手際良くそれを弾倉（弾を収めておく所）の中に入れましたが，笑顔はありませんでした，何故でしょうか？

　それは，限りなく存在する弾に"一個"を加えても，何も変わらないからなのです．これを"一個増えた"とはいわないのです．それでは仲間を集めて，百個，千個……とすればどうでしょう．それでも何も変わりません．この大砲は，限りなく弾が出ると同時に，いくら弾を補給しても"少しも増えない"という性質を持っているのです．

いらないよっ！

このことを式で表そうと考え，無限大の記号を弾の個数に見立てて"数"のように扱うと，ひどい間違いをしてしまいます。

たとえば，バズーカに一個の弾を補給しても，一万個の弾を補給しても同じだからといって，この両者：

$$\infty + 1, \qquad \infty + 10000$$

を等号で結んでしまったら，その式からは，1＝10000 というトンデモナイ結論が導かれてしまいます。

これが成り立つなら，すべての数が等しくなってしまい，これまで作り上げてきた計算の規則が意味を失います。これは無限大を数と考えたことに原因があります。あくまでも，「∞」は印象的な記号であって，"数"ではないということです。

メガネみたい！

うん。

　それでは，限りなく弾が出る"もう一つの大砲の弾倉"をそのまま手渡したらどうでしょう．今度は何かが変わるでしょうか．

　これは，偶数と奇数のことを思い出してもらえば分かります．偶数も奇数も，その個数には限りがありませんでした．すなわち，自然数と同じだけあったわけです．ところが，自然数は偶数と奇数から成り立っていたわけですから，この二組を合わせても，元の自然数が再現されるだけで，増えも減りもしません．

　ですから，自然数バズーカに，"偶数バズーカ"や"奇数バズーカ"を合体させても，もう一つの自然数バズーカを合体させても，"数のあり方"は何も変わらないのです．

　部分と全体．"部分とは全体の中の一部である"という当たり前のことが，当たり前でなくなる，これこそが無限の神秘です．

　自然数の一部分である偶数・奇数を取り出しても，あるいは，余りにしたがって三つに分けても，四つに分けても，いくつに分けても，それぞれが全体である自然数と同じだけ存在する，という不思議．

　そして，それらを再び集めても，やはり元の自然数以上のものにはならない，という当たり前の事実．この"当たり前"と，"当たり前でないこと"が，無限を含む世界では矛盾なく両立するのです．

　果てしなく大きく，果てしなく小さく．

　あるいは，限りなく遠く，限りなく近く．

　無限は，こうした大きい小さい，遠い近い，という空間的なイメージとは別に，"部分と全体が一致する"ということでも，その特徴を表すことができるわけです．

アレフの星

さて皆さんは，自然数の無限，アレフ・ゼロの面白さ，すごさを理解されたでしょうか．"無限"という考え方は，古くから人類を悩ませ，そして楽しませて来ました．そこには長い長い歴史があります．

古代ギリシアでは，その恐ろしさに身を屈めて，一言"無限"と言えば済むことでも，あえてそうしませんでした．これは，彼らがその難しさを"知っていた証拠"だといえるでしょう．**「自分は知らない」ということは"知っている"**というギリシア人の知恵なのです．

限りなく弾の出る大砲を持っているなんて，これぞ最強のヒーローではないか，と皆さんも考えたでしょうが，実はそうではないのです．「勇者アレフ・ゼロ」は，遙か銀河の果て，アレフ星の青年です．彼には兄弟もいます，当然両親もいるのです．特に父親**「アレフ・ワン」**は彼よりも，さらに"限りなく"すごいのです．

そのすごさは私達の星・地球では，**「実数」**という言葉で表されていますが，皆さんがそれを理解するには，もう少し時間が掛かります．

"偉大な父親"の話を，いつかご紹介できる日が来ることを信じて，無限の世界「アレフの星」から，有限の世界に戻ることにしましょう．限りある世界にも面白いことはまだまだあります．逆に限りがあるからこそ面白いということもあるのです．

13 三角数の話

　ここまでは，主に数の表し方や，自然数全体に成り立つ計算の規則などを学んできました．その中で，元々は自然数の一部である偶数や奇数も，"数えて"みると自然数と同じだけ存在する，という「無限」の持つ不思議な性質も知りました．

　無限というものは，知れば識るほど，考えれば考えるほど面白いものですが，ひとまずここで無限を探る旅を終え，「具体的な名前の付いた数」についてご紹介していくことにいたします．

三角数とは何だろう

　はじめに，「**分類**」という言葉の意味から考えていきましょう．それは，**ある規則を当てはめて，その規則を満たすものと，満たさないものに分けること**をいいます．

　たとえば，「偶数・奇数」も一つの「数の分類」です．これは2で割り切れるか，割り切れないか，という条件をすべての自然数に当てはめて，その条件を満たすものを「偶数」，満たさないものを「奇数」と名付けているわけです．

　皆さんは，円や三角形などの代表的な「**図形**」について知っていることでしょう．数学においては，数の計算と同じように，図形の性質について知ることも大切なことです．

　ここでは，古代ギリシアの数学者「ピタゴラス」が愛した，「**三角数**」という面白い数をご紹介いたしましょう．これは別に数字の外見が三角形であるわけではありません．"三角数"とは，玉を正三角形になるように並べたときの，その玉の個数のことをいうのです．

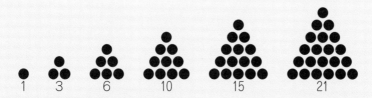

たとえば，こんな感じです．これらを縦書きの足し算で表せば

$$
\begin{array}{ccccccc}
& & & & & & 1 \\
& & & & & 1 & 2 \\
& & & & 1 & 2 & 3 \\
& & & 1 & 2 & 3 & 4 \\
& & 1 & 2 & 3 & 4 & 5 \\
\underline{+)\ 1} & \underline{+)\ 2} & \underline{+)\ 3} & \underline{+)\ 4} & \underline{+)\ 5} & \underline{+)\ 6} \\
1 & 3 & 6 & 10 & 15 & 21
\end{array}
$$

となります．すなわち，三角数とは，「1 からある自然数までの和」を表してもいるわけです．

これは一つ前の結果を使って

$$1,\ 1+2 = 3,\ 3+3 = 6,\ 6+4 = 10,\ 10+5 = 15,\ 15+6 = 21$$

と書くこともできますから，この次にくる三角数は，$21+7=28$ であることが簡単に分かります．

また，これは 1 から 7 までの数の足し算の結果が

$$1 + 2 + 3 + 4 + 5 + 6 + 7 = 28$$

となることを示してもいます．

さてさて，三角数の "正体" が少しずつ見えてきましたか．

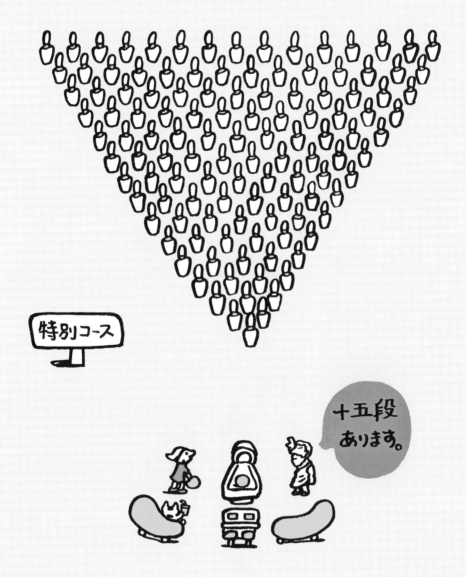

三角数を求める

しかし，こうした方法では，一つ前の三角数が分かっていなければ，次を求めることはできません．たとえば，百番目の三角数は，千番目の三角数はいくつでしょうか．

こうした問題に答えるために，先の図形に少し工夫をしてみましょう．例として，五番目の三角数「15」を採り上げます．

玉を上下逆さまに書いてもその個数には変わりがありませんから，三角数 15 を次のように二通りに書いて，足し算してみますと

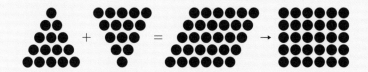

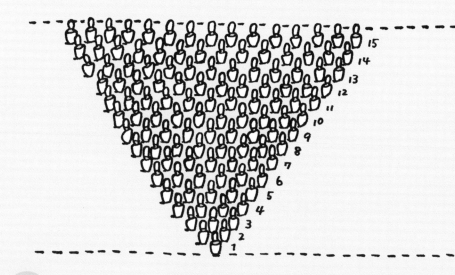

となって，横に六個玉が並んだ段が五段できあがります.

したがって，その総数は，5×6＝30 個となりますが，これは求めたい数の二倍のはずですから，2 で割り算して

$$(5 \times 6) \div 2 = 15.$$

これで，この場合の三角数の値 15 を求めることができたわけです.

それでは，百番目の三角数 ——別の表現をすれば，1 から 100 までの数の和——は，いくつでしょうか.

これは，横に玉が(100＋1)個並び，縦には百段あるはずですから

$$100 \times (100 + 1) \div 2 = 5050$$

となります. 実に簡単に求められましたね.

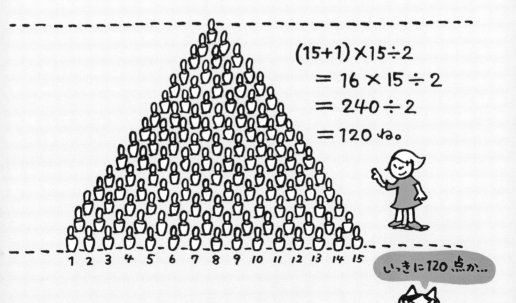

$$(15+1) \times 15 \div 2$$
$$= 16 \times 15 \div 2$$
$$= 240 \div 2$$
$$= 120 \, ね。$$

1 2 3 4 5 6 7 8 9 10 11 12 13 14 15

いっきに120点か...

そして，これは同時に 1 から 100 までの数の和：

$$1 + 2 + 3 + 4 + 5 + \cdots\cdots + 97 + 98 + 99 + 100 = 5050$$

でもあるわけです．

　実はこの計算は，大数学者「ガウス」が，"少年時代に授業中に出された"とされている問題と同じものなのです．

　そのとき，先生は別に用があって，教室から出なければなりませんでした．そこで，計算にはたっぷりと時間が掛かるだろうと思って，「1 から 100 まで足し合わせなさい」と言ったのですが，ガウス少年はアッという間に答を持って先生のところに駆け寄りました．

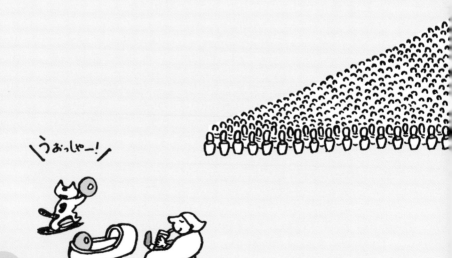

うぉっしゃー！

その方法は，計算式を数が大きくなる順と，小さくなる順の二通り
に並べて行うという，三角数と同じ考え方だったのです．

$$1 + 2 + 3 + \cdots\cdots + 98 + 99 + 100$$
$$+)\ 100 + 99 + 98 + \cdots\cdots + 3 + 2 + 1$$
$$\overline{101 + 101 + 101 + \cdots\cdots + 101 + 101 + 101} = 101 \times 100.$$

こうして，先生は結局用事ができませんでした．皆さんも，悪戯な
どではなく，ガウスのようにして先生を困らせましょう．
　図形と数，この話はまだ続きます．

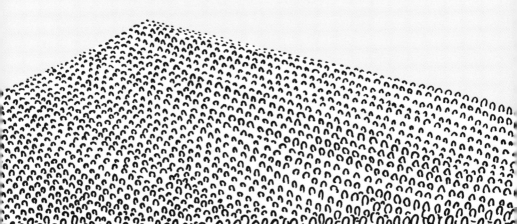

いっきに
5050点！

次はこれ。
百段あります。

101

四角数とグノモン

　三角数とは，玉を"正三角形"になるように並べたときの，その個数を表す数で，「自然数の和」という意味も持っていました．三角とくれば今度は四角です．ここでは「四角数」について学んでいきます．

四角数とは何だろう

　もう皆さんお分かりでしょう．四角数とは，玉を"正方形"になるように並べたときの，その個数になる数のことです．

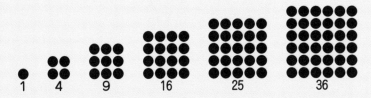

たとえば，上図のような感じです．

　さて，ここで三角数の場合と同じように，百番目の四角数，千番目の四角数は，いくつでしょうか，としたいところですが，これはもう一目見て分かりますね．正方形に並んだ玉の個数は，縦も横も同じですから，これらはすべて二乗数になります．実際

$$1 \times 1 = 1,$$
$$2 \times 2 = 4,$$
$$3 \times 3 = 9,$$
$$4 \times 4 = 16,$$
$$5 \times 5 = 25,$$
$$6 \times 6 = 36$$

ですから，百番目の四角数はズバリ，$100 \times 100 = 10000$ となります．これは簡単ですね．四角数は，二乗数でもあるわけです．

身近なところにある 四角数。

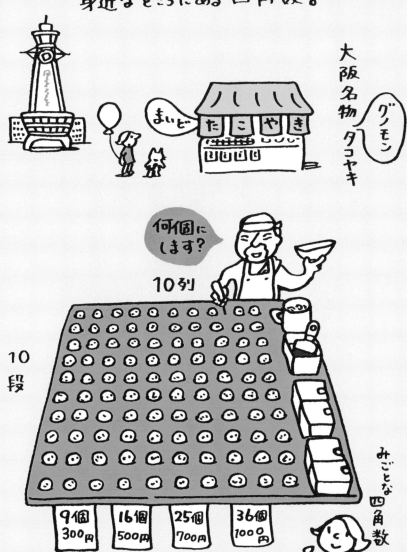

四角数のもう一つの意味

ところで，四角数にはもう一つ秘められた意味があります．その意味を説明するために，先の図にＬ字型の区切りを入れてみましょう．

ギリシアには「**グノモン**」と呼ばれるＬ型の定木があり，この区切りも同じようにグノモンと呼ばれていました．それでは，このグノモンのお陰で何が明らかになるのか，順に調べていきましょう．

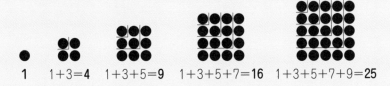

1　　　1+3=4　　　1+3+5=9　　　1+3+5+7=16　　　1+3+5+7+9=25

グノモンで区切られた範囲の玉の個数を数えます．

二番目の四角数の場合には，一個と三個，三番目の場合には，一個と三個と五個，四番目の場合には……，と続きます．

これで分かったことは，どの場合にも「**四角数は奇数の和になっている**」ということです．二番目の四角数は，「二番目の奇数３までのすべての奇数の和」，三番目の四角数は，「三番目の奇数５までのすべての奇数の和」，四番目の四角数は，「四番目の奇数７までのすべての奇数の和」になっているのです．

これで，どのような数までの奇数の和でも，簡単に求めることができます．たとえば，49までの奇数の和であれば，そこまでに登場する奇数の個数（25個）から，25×25=625 となるわけです．

グノモンで地球の大きさを測った男

　三角数，四角数の話はいかがでしたか．この話は，五角数，六角数……，と続けていくことができますが，ここでは次に進みましょう．

　グノモンとは，"定木のようなもの"といいましたが，実はこれは古代の"天体観測器"の名前なのです——とはいっても，複雑な仕掛けは何にも無い，唯のＬ字型の棒であることに変わりはないのですが．
　グノモンを地面におき，その影の長さを測ることで，太陽の位置を知ることができるのです．そして，このグノモンの力を借りて，**なんと地球の大きさを測った人がいました．その人の名前は「エラトステネス」**．今から二千二百年以上前の地中海世界，クレオパトラで有名なエジプトはアレクサンドリアの図書館長をしていた人物です．

　もし，皆さんが"どこへでも行ける便利なドア"をお持ちでしたら，一度この街を訪ねてみて下さい．きっと，ビックリしますよ．当時すでに，植物園や動物園，天文台に実験室，大講堂に食堂などなど，数々の素晴らしい施設が整っていたのですから．

　もちろん，図書館とはいっても，現在のような本の貸出はありません——この時代の本は，パピルスで作られた"巻物"でした．当時の最高の知識の宝庫が図書館ですから，その館長を任じられた人物であるとは，"時代の最高の賢者"であったことを意味しているのです．

　"地球を測った男"エラトステネスは，数の分類にも秀でた人でした．それはどんな数に対する，どんな方法だったのでしょうか．

103 m

15 エラトステネスのふるい

　グノモンと呼ばれる道具を使って，地球の大きさを測った人物，エラトステネスの話を続けます．彼は"万能の才人"と呼ばれていました．ここでは，その数学に対する貢献についてご紹介いたします．

　まずは話題の中心となる数，「素数」から順に説明していきます．

約数，倍数，そして素数

　さて，**ある数を割り算して"割り切れた場合"**，その割った数を元の数の「**約数**」と呼びます（逆に，約数から元の数を見た場合を「**倍数**」といいます）．たとえば

$$21 \div 3 = 7, \qquad 21 \div 7 = 3$$

ですから，3と7は共に21の約数となり，同時に21は，3と7の倍数だ，ということになります．

エラトステネスさんの
お宅を訪問。

素数の
見つけ方を、
おしえてもらうの。

さらに例を挙げてみましょう. 12 は

$$1, 2, 3, 4, 6, 12$$

の六つの自然数で割り切れ，余りが出ません. すなわち，12 の約数の個数は六つです. このように，偶数はすべて約数 2 を持っています.

また，どんな数でも，1 で割り切れます. さらに，

$$3 \div 3 = 1, \quad 7 \div 7 = 1, \quad 246 \div 246 = 1$$

のように，必ずその数自身でも割り切れます. よって，すべての自然数は，1 と自分自身を約数として持つということになります.

さて，ここで皆さんと一緒に考えたいことは，1 と自分自身以外の約数を持たない数は，どんな数だろうか，ということです. このような性質を持った数を，ここで「素数」と名付けておきましょう.

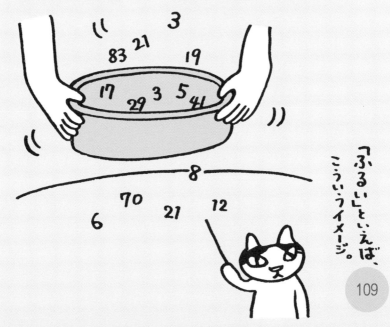

「ふるい」といえば，こういうイメージ。

　約数2を持っている偶数は，素数ではありません．ただし，2の約数は1と自身の2しかありませんから，2には素数の資格があります．したがって，2以外の素数はすべて奇数の中にあることになります．

　そこで，奇数を順に調べます．まず，**1は素数ではないと約束します**．3は1，3以外の約数を持たないので素数です．5も1，5以外の約数を持たないので素数となります．7も素数ですが，9は約数3を持ちますので，素数ではありません．次の11は素数です．

　しかし，こうして一つひとつ調べていくのは手間がかかりますね．もっとたくさんの素数を，一気に見付け出す方法はないのでしょうか．実は，大昔に発見されて今なお現役でいる単純で強力な方法があるのです．**その方法は「エラトステネスのふるい」と呼ばれています**．

エラトステネスのふるい法

　同じような計算を繰り返す場合，手間は少ない方がよいでしょう．そこでエラトステネスは，「石ころなどのじゃまな物を除いて，大きさの揃った細かい砂粒を得るためには，"ふるい"を使っている，これをなんとか数学に当てはめられないだろうか」と考えました．

　"数のふるい"，これが彼のアイデアです．

　まず，数を並べて表の形に書きます．これが"ふるいに掛ける数"になります．ここでは，1から100までの数を書くことにします．

　1は素数ではないので，上から「×印」を書いて消します．

　次の数は2ですが，これは素数なので残し，2の倍数である4，6，8，…，すなわち，偶数を順に消していきます．この作業は，2の倍数が一つおきに現れることから機械的に実行できますね．

「エラトステネスのふるい」による素数の見つけ方。

○用意するもの

・紙
・赤ペン
・ハチマキ

① 紙にふるいにかけたい数字をかく。

② あとは割りきれる数字をひたすら探して赤ペンで消す。

それだけ？

それだけ。

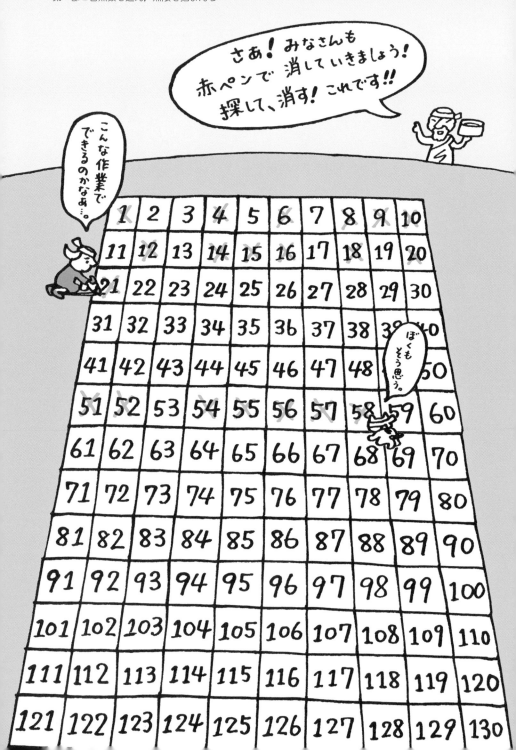

　続いて3に注目すると，やはりこれも素数ですから，今度は二つ
おきに登場する3の倍数6, 9, 12,... を消します．このとき，すでに
6, 12 などは2の倍数として消されていますが，気にせず「×印」を書
き加えて下さい．考えなくてもできることが，この方法の長所です．
　まったく同様に，5を残して5の倍数10, 15, 20,...，続く素数7の
倍数14, 21, 28,... を消し，これで消去作業を終了します．
　実は100までの素数を求めるには，7までの倍数を消去すれば充分
であることが証明されていますので，これで残った数はすべて素数と
なったわけです――これは，次の素数11で割られる数が，すでに表
の中に残っていないことから分かります．
　結局，100までにある素数は，次の二十五個：

$$2, 3, 5, 7, 11, 13, 17, 19, 23, 29, 31, 37, 41,$$
$$43, 47, 53, 59, 61, 67, 71, 73, 79, 83, 89, 97$$

であることが分かりました．

　皆さんも数の範囲をもっと広げて“素数探し”を続けて下さい．範
囲を広げれば広げるほど，滅多に素数には出会えなくなりますが，そ
れでも必ず素数はありますから安心して調べて下さい．
　しかし，もっと簡単に次から次へと素数を生み出す方法はないので
しょうか．残念ながら，限りなく存在する素数を，“具体的に順序よ
く求める方法”はまだ発見されていません．その意味で，「エラトス
テネスのふるい法」は，計算機の発達した今日でもなお“現役の方法”
として使われているわけです．

16 証明とは何だろう

　素数とは「1と自分自身の他に約数を持たない数」のことでした．そこで，素数は限りなく存在すること，しかし，それは大きさの順には求められないことをご紹介しました．

素数は無限に存在する？

　きちんとした筋道を立てて，誰もが納得できる形で，「物事が正しいか，間違っているか」を明らかにすることを「証明」といいます．
　では，「素数は無限に存在する」ことを証明してみましょう．
　まず，皆さんは「エラトステネスのふるい法」によって，数の表から素数だけを残すことができますね．100以下の素数を，もう一度ここに書いてみましょう．ひとまとめに括弧「{　}」で包んでおきます．

{2, 3, 5, 7, 11, 13, 17, 19, 23, 29, 31, 37, 41,

43, 47, 53, 59, 61, 67, 71, 73, 79, 83, 89, 97}

　これを"素数入りの箱"と見ますと，「素数箱-100」とは，最大の素数97を含む，25個の素数の詰め合わせだ，ということになります．

　さて，この箱のサイズを変えてみましょう．1000までの場合，すなわち，「素数箱-1000」の場合には，最大の素数は997となります．計算が簡単にできるように，小さい方へも動かしましょう．これは，「素数箱-100」の中に入っている"より小さな箱を考える"ということになります．たとえば，「素数箱-15」ならば，最大の素数13を持つ，六個の素数 {2, 3, 5, 7, 11, 13} の詰め合わせになります．
　こうして範囲を限定すれば，そこには最大の素数が存在し，素数の個数も無限ではなくなります．当たり前の話ですね．

そこで，これらの素数から，"新しい数"を作り出すことを考えます．すでに求めた素数，"限定された範囲の中での最大の素数"までを順に掛け算していき，その結果に1を加えます．

たとえば，「素数箱-15」の場合なら、次の六種が作り出せます．

$$2+1=3,$$
$$2\times3+1=7,$$
$$2\times3\times5+1=31,$$
$$2\times3\times5\times7+1=211,$$
$$2\times3\times5\times7\times11+1=2311,$$
$$2\times3\times5\times7\times11\times13+1=30031.$$

この結果を検討するために，「素数箱-15：{2，3，5，7，11，13}」の中に潜んだ，さらに小さな箱から考察を進めましょう．

一番小さな箱，「素数箱-2：{2}」における最大素数は，当然のことながら2になるわけですが，それに1を加えることによって，新たな素数3が作られます．これは，「素数箱-2」の外の世界には，さらに大きな素数が存在することを意味しています．

「素数箱-3：{2，3}」も同様です．内部の二つの素数を掛け合わせて，それに1を加えるだけで，より大きな素数7が得られたわけです．

この作業は，どこまでも繰り返すことができます．31も，211も，2311も同じことです．収められた箱の中の素数を組合せるだけで，より大きな素数を"箱の外に作り出すことができる"のです．

ここで，「計算の結果が素数でない場合」を考えても，元々の計算の仕組に戻れば，この結論を変える必要がないことが分かるでしょう．

　実は，六番目の数は 30031＝59×509 と分解できるので素数では
ありませんが，式：2×3×5×7×11×13＋1 より作られたものな
ので，素数 {2, 3, 5, 7, 11, 13} のいずれで割っても，必ず 1 余ります.
　そして，その掛け算の結果は，このように素数でない場合であって
も，内部の最大素数（この場合なら 13）よりも，より大きな素数（こ
の場合なら 59）でなければ割り切れません.

　したがって，数全体としては素数ではなくても，箱の外の世界に，
その内部の最大の素数を超える素数（この場合なら 59）を作り出すこ
とには成功しているわけです.

　もし，「僕は最大の素数 P を見つけた！」と主張する友達が，息を
弾ませながら走って来たとします. そんなときは，慌てず騒がず落ち
ついて，次のことを紙に書いてみましょう.

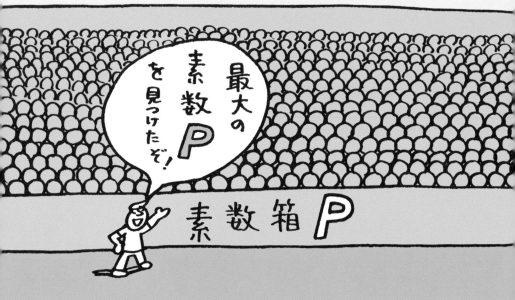

　その友達が，最大であるというところの素数 P までのすべての素数を掛け合わせてみます（実際に，P までのすべての素数を知っている必要はありません．間は「……」で埋めればよいのです）．

$$2 \times 3 \times 5 \times 7 \times 11 \times 13 \times 17 \times 19 \times \cdots\cdots \times P$$

　この数は，今問題にしているすべての素数を約数として持つ数です．そして，この数に 1 を加えた数：

$$2 \times 3 \times 5 \times 7 \times 11 \times 13 \times 17 \times 19 \times \cdots\cdots \times P + 1$$

を考えますと，先の場合と同じように，P 以下のどの素数で割り算しても必ず 1 余る数となります．そして，その結果が素数であってもなくても，それは P より大きい素数を生み出していることになります．

さらに大きな素数のできあがり。

　これで，「Pが最大の素数である」という主張は崩れました．これは，Pの大きさによらず成り立ちますから，「最大の素数は存在しない」こと，言い換えれば，「いくらでも大きな素数が存在する」こと，つまり「素数は無限に存在する」ことが証明できたわけです．

　数学ではいったん証明されたものは，後から「あれは間違いでした」といって反対の結論が導かれることはありません．もちろん，数学の枠組そのものをより広くして，別の考え方を取り入れることはありますが，正しい証明はその範囲において，永遠に正しいのです．

　こんなことが言えることが，「証明」のすごいところなのです．

素数と蝉の不思議な関係

　素数は，想像もできないような，数学とはまったく無縁に見えるところにも現れます．たとえば，「十三年蝉」「十七年蝉」と呼ばれる蝉がいますが，これらの蝉は，その名の通りの年数だけ地中に潜って，成虫になる時をうかがっています．

　潜伏年数として素数13, 17が選ばれたのは，天敵との成長のテンポをズラすためだとも，他種との交わりを絶つためだともいわれています．まさに「素数蝉」ですね．もし，短期に繁殖期を迎える仕組なら，ピッタリと鉢合わせする年が，簡単にやってきますからね．

　その点，素数なら天敵もその数に合わせない限り，うまくいきません．これぞ自然の知恵，生き残りの技術なのです．天敵が三年周期なら，両者が一致するの三十九年後（＝3×13），あるいは，五十一年後（＝3×17）となりますが，もし，十二年蝉がいたとすれば，生まれる度に相手も大繁殖期を迎えていることになるでしょう．

17 素数の楽しみ方

　自然数も，偶数も，奇数も，そして素数も，無限に存在することを，もう私達は知っています．数学には，こうした理論的側面とともに，実際に計算をして具体的な値を求める、という別の側面もあります．

　理論的なことは大切ですが，なんといっても面白いのは具体的な数を求めることです．もちろん，素数の研究においても "新しい素数" を発見することはとても意味のあることです．

　そうです，私達はすべての素数を知っているわけでも，自然数のように次にくる数を確実に表す方法を持っているわけでもないのです．そこで，**"現在知られている最大の素数"** ということが問題になってきます．ここでは，この "巨大素数" の話を中心にします．

メルセンヌ素数

　さて，「エラトステネスのふるい法」を用いて，与えられた数の表から素数だけを残すことができました．これで確実に "素数の具体例を見出す" ことはできますが，素数は無限にありますから，この方法では大きな数に対応することは不可能です．

　そこで，"数の形" を先に決めて，その数が素数になっているかどうかを調べる，という方法が採られるようになりました．現在では主に，フランス人の修道僧「**メルセンヌ**」により定められた数の形：

$$M = 2^n - 1$$

が巨大素数の探索に用いられています．この形の数を一般に「**メルセンヌ数**」，そして，この形をした数で，しかも素数になっている場合を「**メルセンヌ素数**」と呼んでいます．

　ここで，n が素数でなければ，メルセンヌ数 M も素数ではありません．それでは，n が素数の場合には，メルセンヌ数も素数になるか，ということが問題になるのですが，これは具体的に一個一個調べてみなければ分からないのです．たとえば

$$M = 2^2 - 1 = 3 \quad →（素数），$$
$$M = 2^3 - 1 = 7 \quad →（素数），$$
$$M = 2^5 - 1 = 31 \quad →（素数），$$
$$M = 2^7 - 1 = 127 \quad →（素数），$$
$$M = 2^{11} - 1 = 2047 = 23 \times 89,$$
$$M = 2^{13} - 1 = 8191 →（素数）$$

ですから，五番目は素数ではありませんね．

　それでは，この形の素数，すなわち，メルセンヌ素数は，現在どのようなものが知られているのでしょうか．参考までに，上記した 2，3，5，7，13 から順に，n の値を書いておきましょう．

$n=$ 2，3，5，7，13，17，19，31，61，89，107，127，521，607，1279，
　　2203，2281，3217，4253，4423，9689，9941，11213，19937，
　　21701，23209，44497，86243，110503，132049，216091，756839，
　　859433，1257787，1398269，2976221，3021377，6972593，
　　13466917，20996011，24036583，25964951，30402457，
　　32582657，37156667，42643801，43112609，57885161．

以上です．最後の n，すなわち，対応するメルセンヌ素数：
$$M = 2^{57885161} - 1$$

は，計算機を長時間使って発見された，現在（2014）知られている最大の巨大素数です．この数は，なんと「1742 5170 桁」もあるのです．

正直にこの数を書いていきますと，雑誌数千頁がこの数を表すこと，ただそれだけに使われてしまいます．そこで，そのごくごく一部だけ，最初と最後だけをご覧いただきましょう．

$$2^{57885161} - 1 = 581887226632322464421751 \cdots 724285951.$$

「こんな大きな素数，何に使うのだろう？」と考えている皆さんもいらっしゃるでしょう．それは後でご説明いたします．ここではヒントだけを差し上げましょう．それは **「暗号」** です．

本来，数学はその有用性を競うものではありませんが，社会基盤を支えるほど，役立つものも数多く存在します．皆さんが銀行などで使っているカードの暗号技術などにも素数は役立っているのです．

双子素数

巨大素数も大変興味あるものですが，素数の並びを見ていますと

2, <u>3, 5, 7</u>, <u>11, 13</u>, <u>17, 19</u>, 23, <u>29, 31</u>, 37, <u>41, 43</u>,
47, 53, <u>59, 61</u>, 67, <u>71, 73</u>, 79, 83, 89, 97

の下線部のように，その間が 2 しか離れていない素数の組があります．

素数同士の間隔は，数が大きくなるにしたがって，次第に離ればなれになっていきますから，隣同士の奇数が共に素数になることは，そう滅多あるものではありません．そこで，これらの数の組は **「双子素数」** と名付けられて，大いに調べられているのです．

　実際，素数それ自身は無限に存在しますが，双子素数が限りなく存在するものかどうかさえ，まだ分かっていないのです.

　現在知られているもっとも大きな双子素数の組は，200700 桁の

$$\begin{cases} 3756801695685 \times 2^{666669} - 1, \\ 3756801695685 \times 2^{666669} + 1 \end{cases}$$

です. 計算機が誰にでも使えるようになった今，大きな素数を具体的に求めることは，数学の研究という狭い枠を越えて，マニアのゲームのようにもなってきました. 皆さんも，数年後には，このとても面白いゲームに参加しているかもしれませんね.

　素数は，数の研究の基礎となります. 何故でしょうか. それは，すべての自然数が素数の積で書けるからです. その秘密は次章で.

18 数の原子・素数

　素数の話を続けてきましたが，どうして素数がそんなに大事なのでしょうか．ただ単に約数を持たない奇数じゃないか，と思う人もいるでしょうが，実はそうではないのです．

　理科に興味のある人は，「**原子**」や「**分子**」の話を聞いたことがあるかもしれません．この世界のすべての物質は，原子から作られています．原子や，それがいくつかまとまってできた分子を知ることが，物質の様々な性質を知ることにつながっているのです．

　見た目にはまったく異なる物質も，原子や分子の段階まで降りて調べると，多くの共通点が発見されます．実は，数全体と素数にも，原子・分子に比較される関係があるのです．さあ，それでは素数がどのような役割を担うのか，順に調べていくことにしましょう．

素因数分解

　実は，**すべての自然数は，素数の掛け算で表すことができるのです**．ある自然数が素数の積に分解されるとき，その素数を元の数の「**素因数**」といいます．したがって，この分解は「**素因数分解**」と呼ばれています．素数の積に分解できる数は「**合成数**」と呼ばれています．

　これは，実際には何を意味しているのか，1から100までの自然数を，その範囲の中の素数を使って書き直してみましょう——正確には，1は外して，2から100までです．

素数は 数の原子…。

原子と言われて
思い出すのは
おもちゃのブロック。

子供ブロック

100ピース

← こんな箱に
入っています。

だからこれは
「こどもブロック」の
原子ですか？

ま、
そんな
とこ
です。

127

まずは，100 以下の素数に再登場してもらいましょう．

> 2, 3, 5, 7, 11, 13, 17, 19, 23, 29, 31, 37, 41,
> 43, 47, 53, 59, 61, 67, 71, 73, 79, 83, 89, 97.

以上，二十五種類の素数が手品の種となります．

それでは，はじめましょう．まず，2, 3 は素数ですので，そのまま使い，4 を"分解"しましょう．4 は

$$4 = 2 \times 2 = 2^2, \quad （使った素数 2）$$

ですので，素数 2 を二つ使えば表わせます．5 は素数です．6 は

$$6 = 2 \times 3, \quad （使った素数 2 と 3）$$

となります．7 は素数です．次に進んで，8 は

$$8 = 2 \times 2 \times 2 = 2^3, \quad （使った素数 2）.$$

続く 9 は

$$9 = 3 \times 3 = 3^2, \quad （使った素数 3）$$

と"分解"され，最後に 10 は

$$10 = 2 \times 5, \quad （使った素数 2 と 5）$$

というように，順に書き換えていくことができます．

このような計算を続けて，実際に 100 までの自然数を素数で書き直して，表の形にまとめますと次のようになります——ここで，皆さんは，本当に先に求めた素数だけしか使っていないか，ちゃんと元の数が再現されているか，自分自身で確かめて下さい．

2から100までの
自然数を素数で書き直すと…

	2	3	2×2	5	2×3	7	2^3	3^2	2×5
11	$2^2\times3$	13	2×7	3×5	2^4	17	2×3^2	19	$2^2\times5$
3×7	2×11	23	$2^3\times3$	5^2	2×13	3^3	$2^2\times7$	29	$2\times3\times5$
31	2^5	3×11	2×17	5×7	$2^2\times3^2$	37	2×19	3×13	$2^3\times5$
41	$2\times3\times7$	43	$2^2\times11$	$3^2\times5$	2×23	47	$2^4\times3$	7^2	2×5^2
3×17	$2^2\times13$	53	2×3^3	5×11	$2^3\times7$	3×19	2×29	59	$2^2\times3\times5$
61	2×31	$3^2\times7$	2^6	5×13	$2\times3\times11$	67	$2^2\times17$	3×23	$2\times5\times7$
71	$2^3\times3^2$	73	2×37	3×5^2	$2^2\times19$	7×11	$2\times3\times13$	79	$2^4\times5$
3^4	2×41	83	$3\times2^2\times7$	5×17	2×43	3×29	$2^3\times11$	89	$2\times3^2\times5$
7×13	$2^2\times23$	3×31	2×47	5×19	$2^5\times3$	97	2×7^2	$3^2\times11$	$2^2\times5^2$

ここで示しました，**合成数を素数の積に分解することを素因数分解，その合成数の約数となる素数を素因数**というわけです．

素数による分類

先に，自然数は，奇数と偶数に分類できることを示しましたが，今度はまた別の自然数の分類，すなわち，素数を考え方の中心においた分類ができました．すなわち，素因数分解の結果，すべての自然数は

$$自然数 = \begin{cases} 1. & \\ 素数 & : (2, 3, 5, 7, \ldots), \\ 合成数 & : (4, 6, 8, 9, \ldots) \end{cases}$$

の三種類に分けられるわけです．

合成数は素数の積で書けるので，1以外の自然数の性質は"素数の性質を研究すればよい"ということになります．

このように，日本語の"素数"という用語は，合成数が素数の積に分解できる，すなわち，素数はそういった"数の素"になっているという意味を持っています．まさに素数は"自然数の原子"なのです．

したがって，素数を研究することはとても大切なことで，現在も世界中の研究者が，その性質をもっと知ろうと日夜励んでいます．

皆さんにもこうして理解できるように，素数は親しみやすい数なのですが，その一方で"世界最強の数学者達"をも泣かせるほど，難しい数でもあるのです．親しみやすくて奥深い，そんな素数の魅力に取り付かれたら，皆さんも遠慮なく数学者になって下さい．そこには，どんなゲームにもない，本物の知的興奮が待っていますよ．

19 割り切る数を探せ

　すべての自然数は，素数の積として表せること，またそれを素因数分解と呼ぶことを学びました．そこでは具体例として，1 から 100 までの数の素因数分解をご紹介しましたが，もっともっと大きな数を分解したいときには，どうすればよいのでしょうか．

　ここでは，具体的な数が与えられた場合に，それを素因数分解するために必要になる "いくつかの考え方" についてご説明します．

まずは目を慣らす

　経験は大切です．難しいことを考える前に，数の並びをよく見る経験を積んでおけば，色々なことが自然に頭に入ってきます．素因数分解に必要な感覚を身に付けるための第一歩は，次に示すような倍数の並びをよく見ることです――表の前半は，お馴染みの「九九」ですね．

×	1	2	3	4	5	6	7	8	9	10	11	12	13	14	15	…
1	1	2	3	4	5	6	7	8	9	10	11	12	13	14	15	…
2	2	4	6	8	10	12	14	16	18	20	22	24	26	28	30	…
3	3	6	9	12	15	18	21	24	27	30	33	36	39	42	45	…
4	4	8	12	16	20	24	28	32	36	40	44	48	52	56	60	…
5	5	10	15	20	25	30	35	40	45	50	55	60	65	70	75	…
6	6	12	18	24	30	36	42	48	54	60	66	72	78	84	90	…
7	7	14	21	28	35	42	49	56	63	70	77	84	91	98	105	…
8	8	16	24	32	40	48	56	64	72	80	88	96	104	112	120	…
9	9	18	27	36	45	54	63	72	81	90	99	108	117	126	135	…
⋮	⋮	⋮	⋮	⋮	⋮	⋮	⋮	⋮	⋮	⋮	⋮	⋮	⋮	⋮	⋮	

　繰り返しますが，大切なことは，このような表を覚えることではありません．数の並びや飛びの特徴などを自分で見付け，それに馴染むだけでよいのです．自分でこの表の先を，右側にも下側にも伸ばしていくことが楽しい，と感じるようになれば，より素晴らしいでしょう．

規則を探す

　さて，表を眺めていると，知らず識らずの中にいくつかの"数の並びの規則"が分かってきます．

　まずその第一は，2 の倍数です．これは「偶数」の並びですね．どんな大きな数であっても，末尾の数字（一番右端の数字）が「2, 4, 6, 8, 0」であれば，それは「2 の倍数」です．これは「**その数は素因数として 2 を持つ**」と言い換えられます．

　たとえば，下のようなものがあります．

$$102 = 2 \times 51, \qquad 1594 = 2 \times 797,$$
$$10226 = 2 \times 5113, \qquad 15098 = 2 \times 7549.$$

5 の倍数も簡単ですね．末尾は必ず 0 か 5 になっています．

次に面白いのは，3 の倍数です．倍数の並びをもう一度見て下さい．

$$3, 6, 9, 12, 15, 18, 21, 24, 27, 30, 33, 36, 39, 42, 45.$$

目をならす
目をならす…

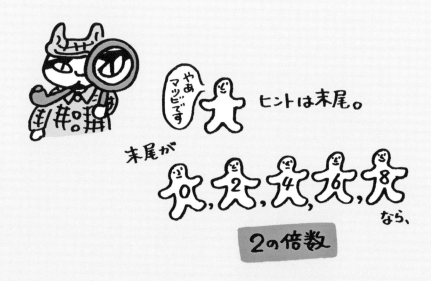

たとえば…

6390**2**

2の倍数

30495**5**

5の倍数

実は，3の倍数は，各桁の数を足し合わせた数が

$$33 \rightarrow 3+3=6,$$
$$36 \rightarrow 3+6=9,$$
$$39 \rightarrow 3+9=12,$$
$$42 \rightarrow 4+2=6,$$
$$45 \rightarrow 4+5=9$$

というように，3の倍数となる性質を持っているのです．

たとえば，29919ならば

$$29919 \rightarrow 2+9+9+1+9=30$$

となりますから，これは3の倍数で，実際3×9973と分解できます．

また，もっともっと大きな数でも大丈夫です．

$$6114224229 \rightarrow 6+1+1+4+2+2+4+2+2+9=33,$$
$$6114224229 = 3 \times 2038074743.$$

9の倍数も，3の倍数に似た性質を持っています．

9，18，27，36，45，54，63，72，81，90，99，108，117，126，135．

この場合は，各桁の数を足し合わせると，9の倍数になるのです．

$$117 \rightarrow 1+1+7=9,$$
$$126 \rightarrow 1+2+6=9,$$
$$135 \rightarrow 1+3+5=9.$$

もちろん，9の倍数は，3の倍数でもありますから，「3の倍数の調べ方」を繰り返して行ってもかまいません．

最後に総合的な例をやってみましょう．

26190 を素因数分解してみます．この数は明らかに 10 の倍数ですから，まず 26190＝10×2619 ということが分かります．

さらに，10 の倍数ということは，2 と 5 の倍数ですから

$$26190＝2×5×2619$$

となります．次に 2619 ですが，これは

$$2619 → 2＋6＋1＋9＝18$$

ですから，9 の倍数であり，2619＝9×291 と書き直せます．

さらに，291 に注目すれば

$$291 → 2＋9＋1＝12，\quad 291＝3×97$$

より 3 の倍数であることが分かります．これらをまとめると

$$26190＝2×5×9×3×97$$

となりますが，9 は 3×3＝3^2 なので 3 でまとめ，素因数の小さい順に並べて

$$26190＝2×3^3×5×97$$

と書くのが正式です．

ここでは，大きな数が与えられたとき，それを割り切る数を見付ける方法を考えて，具体的に素因数分解をやってみました．

自分で何か数を定めて，それを分解してみると面白いですよ．

20 「一方通行」の計算

　大きな数の素因数分解をするために，倍数の並びをよく見て，その規則性を学びました．また，3 や 9 の倍数には，与えられた数の各桁を足して調べる，という特別な方法があることも知りました．

　しかし，このような方法はすぐ行き詰まります．少し大きな数になると，倍数の表を作ることすら難しく，各桁を足し合わせて調べるやり方も，すべての数に当てはまるようなうまい方法はありません．

　こうしたことから，素因数分解は，与えられた数が大きくなるにしたがって，次第に難しい問題になっていくことが分かります．

道路だけじゃない "一方通行"

　たとえば，もっとも簡単な素因数分解として，以下の例を考えます．

$$6 \overset{\longrightarrow}{\underset{\longleftarrow}{=}} 2 \times 3$$

　この式は，「自然数 6 は素数 2 と 3 の積に素因数分解される」ことを表していますが，逆に「2 と 3 を掛け算すれば 6 になる」とも読めますね．すなわち，皆さんはこの計算を，**等号を挟んで右向きにも左向きにも理解できる**わけです．ここには，なんの難しさもありません．

　ところが，前章で示しました素因数分解：

$$26190 = 2 \times 3^3 \times 5 \times 97$$

ネコ探偵再び。

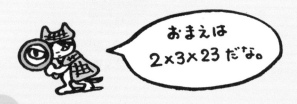

おまえは 2×3×23 だな。

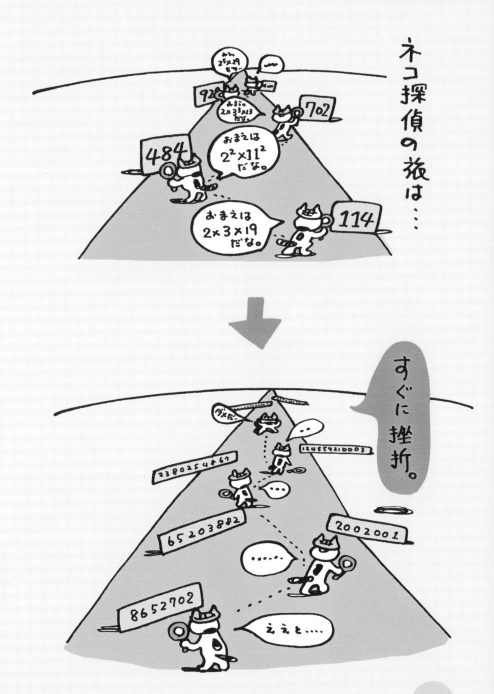

はどうでしょうか．素因数を掛け算して 26190 を求めることは，先の場合と同じように誰にでもできますが，その逆は，各桁を加え合わせ，倍数の関係を調べて，はじめて分かったことでした．

　右から左への計算は易しいけれども，その反対向きの計算は難しいのです．道路にたとえれば，"右から左へは，自転車でもスイスイ通ることができる舗装された道路なのに，不思議なことに同じ道を逆に通ろうとすると，石コロだらけで，とても自転車では通れない，一歩一歩ゆっくり歩いて行くしかない"といった感じになるでしょうか．

　もっともっと大きな数を考えましょう．

7000000013390000000171

はどうでしょうか．この 22 桁の大きな数は

$$10000000019 \times 700000000009$$

という二つの素数の積に分解できるのですが，皆さんの中でこの計算をできる人はいないはずです．

しかし，この場合でも二数を掛け算して元の数に戻すことは，紙と鉛筆があれば誰にでも容易に行えます．

こうなってくると，素因数分解の "道" は，もはや通り難いなどという生やさしいものではなく，"通行不可" の標識が立っているようなものです．原理的には，右から左でも，左から右でも同じ数の計算ですから，できないはずはないのですが，実際には，少し大きな数になると，まさに "一方通行" の道路のように，素因数分解を行うことはとんでもなく難しい問題に変身してしまうのです．

行くのは大変！

数の計算と暗号

　素因数分解の難しさは，計算機を用いても一向に解決しません．

　まず，与えられた数に一致するまで，素数を順に掛けていくような原始的な方法では，一秒間に何千億回もの計算ができる計算機でも，まるで歯が立ちません．世界中の数学者達が，極めて高度な理論を用いた計算機のプログラムを研究していますが，具体的な素因数分解が大変難しい問題であることには変わりがありません．

　そこで，この**"計算の一方通行性"を利用して，「暗号」を作ることが考え出されました．**先の例とは比較にならない巨大な数に暗号文を隠し，それを解読する鍵を，その数の素因数の中に組み込むのです．

　こうしておけば，与えられた数そのものを盗むことはできても，素因数分解ができない限り，中身を知ることは決してできません．したがって，素因数分解を用いた暗号は，暗号文そのものである巨大な数を隠す必要はまったくないのです．

　こうした性質を利用した暗号は，実際に「クレジット・カード」などで使われています．また，ネットワーク上で使われるお金のことを「電子マネー」などといいますが，その利用者が本人であるかどうかを確かめる，"本人確認"のために使われる暗号文にも，素因数分解による手法が縦横に活躍しています．

　現代は「電子暗号の時代」であるといわれていますが，そこで主役を務めるのは，皆さんの誰もがすでに親しんでいる「素因数分解」なのです．数学はこんなところでも大活躍しているのです．

21 ビックリ記号「！」の数

　さて，数学でもっとも面白い数の一つである「素数」について調べてきました．素数に関する話題はまだまだ尽きませんが，さらに深いところまでご紹介していくためには，数学的な記号や新しい数の表し方を少しずつ学んでいく必要があります．

　これまでに，同じ数を何回も掛け算したことを示す書き方をご説明しました．たとえば，2を三回掛け合わせたものを

$$2 \times 2 \times 2 = 2^3$$

と書いて，「2の三乗」と読むのでした．

　ここでは，この呼び方と“音が似た”新しい数の表し方を説明します．それは，「階乗」と呼ばれる数の表現方法です．大きな数がたくさん登場しますが，目を回さないようにしっかりと読んで下さい．

階乗とは何だろう

　たとえば，ある数までのすべての自然数を掛け合わせて，それを

$$
\begin{aligned}
1 &= \mathbf{1!} &&= 1, \\
1 \times 2 &= \mathbf{2!} &&= 2, \\
1 \times 2 \times 3 &= \mathbf{3!} &&= 6, \\
1 \times 2 \times 3 \times 4 &= \mathbf{4!} &&= 24, \\
1 \times 2 \times 3 \times 4 \times 5 &= \mathbf{5!} &&= 120, \\
1 \times 2 \times 3 \times 4 \times 5 \times 6 &= \mathbf{6!} &&= 720, \\
1 \times 2 \times 3 \times 4 \times 5 \times 6 \times 7 &= \mathbf{7!} &&= 5040, \\
1 \times 2 \times 3 \times 4 \times 5 \times 6 \times 7 \times 8 &= \mathbf{8!} &&= 40320, \\
1 \times 2 \times 3 \times 4 \times 5 \times 6 \times 7 \times 8 \times 9 &= \mathbf{9!} &&= 362880, \\
1 \times 2 \times 3 \times 4 \times 5 \times 6 \times 7 \times 8 \times 9 \times 10 &= \mathbf{10!} &&= 3628800
\end{aligned}
$$

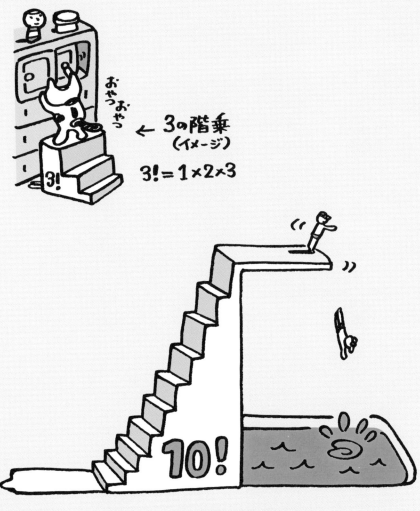

← 3の階乗
（イメージ）

3! = 1×2×3

おやおやっ

3!

10!

10! = 1×2×3×4×5×6×7×8×9×10

と書き，右辺をそれぞれ，「1の階乗」「2の階乗」「3の階乗」……と読むのです．記号「!」は，「ビックリ・マーク」などといわれていますが，本当にビックリするくらい，階乗記号で表された数は，アッという間に大きくなってしまいます．

　たとえば，次のようなものです．

$$20! = 2432902008176640000.$$ 　　　　　（19桁）

$$30! = 265252859812191058636308480000000.$$ 　（33桁）

$$40! = 81591528324789773434561126959611589427200000000000.$$ 　（48桁）

$$50! = 304140932017133780436126081660647688443776415689605120000000000000.$$ 　（65桁）

　ここで，「30の階乗（33桁）」と，「10の三十乗」を比べてみましょう．「10の三十乗」といえば，1の後に0が三十個付く数でしたから，階乗による数は，この段階ですでに，同じだけ10を掛け合わせた数よりも大きくなっています．その後，40!（48桁），50!（65桁）....と，10の掛け合せ算との差は一方的に開くばかりです．

身近にある階乗の例

　極端に大きな数や小さな数を見ると，「こんなの私達に関係ない」といって，横を向いてしまう人もいますが，そんなことはありません．階乗は，皆さんの身の回りにそっと潜んでいるのです．

　一列に並んで行進する場合，たとえば，オリンピックの入場行進を思い浮かべて下さい．列の先頭になるのも気持ちが良いですが，全体を眺めながら最後に歩いていくのもカッコイイものです．

50! =1×2×3×4×5×6×7×8×9×10×11×12×13×14×15×16×17×18×19×20
×21×22×23×24×25×26×27×28×29×30×31×32×33×34×35×36×37×38×39
×40×41×42×43×44×45×46×47×48×49×50

　それぞれに楽しみ方があるので，どの位置も一度は経験したいですね．そこで，そうした並び方は何種類あるのか調べてみましょう．

　いきなり大人数を考えるのは，上手いやり方ではありません．まずは，三人で行進する小さな小さな列を考えます．行進する選手は「太郎君」「次郎君」「花子さん」の三人です．

　先頭に位置する選手の選び方は，三人の中の誰でもよいので，三種類あります．それを，たとえば「太郎君」とすれば，残りは「次郎君」と「花子さん」の二人が残ります．すると列の真ん中に位置する選手の選び方は二種類になり，それをたとえば「次郎君」と決めれば，同時に最後尾は「花子さん」に決まってしまうわけです．

　こうした考え方は，先頭を「次郎君」にしても「花子さん」にしても同じですから，全体では

$$3 \times 2 \times 1 = 6$$

だけの並び方があるわけです．具体的に書いておきましょう．

「太郎・次郎・花子」，「次郎・太郎・花子」，「花子・太郎・次郎」，

「太郎・花子・次郎」，「次郎・花子・太郎」，「花子・次郎・太郎」．

以上，六通りの並べ方があるということが分かりました．

　この総数を求めるための計算：$3 \times 2 \times 1 = 6$ は，階乗の記号を使って，$3! = 6$ と表せることはすぐに分かりますね．

　このように，階乗は，**互いに区別できる何かを一列に並べる場合の，その並べ方の総数を表す**，という具体的な意味を持っているのです．

148

太郎 次郎 花子 三人の並び方は何通り?

一番目	二番目	三番目
太郎	次郎	花子
	花子	次郎
次郎	太郎	花子
	花子	太郎
花子	太郎	次郎
	次郎	太郎

3 × 2 × 1 = 6通り

　たとえば，バスケットボールの選手を一列に並べるその並べ方の数は，先の場合とまったく同じようにして，最初の場所に五通り，次の場所には残りの選手の数，すなわち，四通り．さらにその次の場所には……，と続いていき，結局，5! = 120 より百二十通りの異なる並べ方があることが分かるのです．

　この計算の仕組が分かれば後は簡単ですね．野球選手の並べ方なら9! = 362880 通りであり，サッカー選手なら11! = 39916800 通り，ラグビー選手なら15! = 1307674368000 通り，もし，四十人のクラスなら，全員を並べる並べ方の総数は 40!通り，という先に示した四十八桁のとても大きな数になるわけです．

　こうした計算から，"友達を一列に並べる"ということの中にも，極めて大きな数が隠されていることが分かりました．**階乗とは，単に1からその数までのすべての自然数を掛け合わせる計算**ですが，その具体的な例を調べていくと，このようにとても身近に見えてきます．

　友達が五人以上集まったときには，あまりわがままを言わずに，適当に並んだ方がよさそうですよ．すべての場合を確かめている中に日が暮れてしまいますから．

22 代表を選ぼう

　「階乗」という新しい数を学びました．それは，一列にものを並べる "並べ方の総数"，という具体的な意味を持っていました．

　数学は，具体的な事例から離れて数や記号を扱います．だからこそ，様々な分野に応用できるわけですが，それを理解するまでは，やはり身の回りにある実際の例に対応させながら馴染んでいくしかありません．**いきなり "記号の海" へ飛び込んでも溺れてしまうだけです．**

　何か新しいことに出会ったら，まずはその具体的な例を自分で考えてみること，それが理解へ通じる唯一の道です．ここでは，階乗計算が使える実際の例をさらに採り上げて，より深く考えていきます．

代表選手を決める

　日本語で "選手" と書けば済むことを，わざわざ英語を転用したカタカナ言葉で "プレイヤー" などと表現することがありますね．ところが，"プレイヤー" という言葉には "プレイする人"，すなわち，"その競技を行う人" という意味しかありません．

　その点，日本語の "選手" には，読んで字の如く "選ばれた人"，すなわち，その競技に極めて秀でているために，代表として抜擢された人，という誇り高い意味があります．ですから誰でも "選手" になれるわけではありません．野球の選手は野球に優れ，サッカー選手はサッカーという競技のうまい人が選ばれるのです．

　もちろん，クラスの代表をくじ引きで選ぶこともありますが，それは "くじ運" に優れた "選手" だ，ということもできるでしょう．

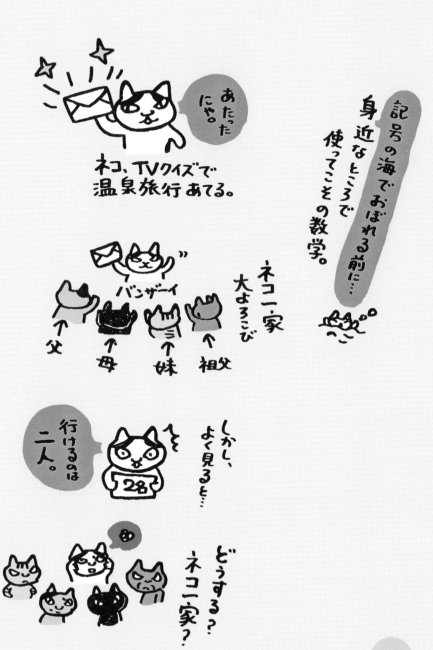

あたったにゃ。

ネコ、TVクイズで温泉旅行あてる。

記号の海でおぼれる前に…身近なところで使ってこその数学。

バンザーイ

↑父 ↑母 ↑妹 ↑祖父

ネコ一家大よろこび

しかし、よく見ると…

行けるのは二人。

どうする？ネコ一家？

それでは，仲間の中から"代表選手"を選ぶ問題を考えましょう．

小さな数からはじめるのが基本でした．そこで，バスケットボールの五人のチームから，「三人制バスケット」の選手を選ぶ方法が何通りあるかを調べることにします．まずは，五人から三人を選んで，その三人を一列に並べるその総数を求めます．

一人目は，五人の中から自由に選ぶことができるので，五通りの選び方があります．次は，一人減って四人の中から選ぶので四通り，最後は残った三人の中から一人選べば代表チームが完成しますので，5×4×3＝60より，六十通りの選び方があることが分かります．

ここで皆さんは，この計算の方法が，階乗の場合によく似ていることに気付いたでしょう．今の場合なら，掛ける2，掛ける1とさらに続けば，5! になりますね．そこで，この計算を

$$5! = 5 \times 4 \times 3 \times 2 \times 1 = (5 \times 4 \times 3) \times (2 \times 1)$$

と二分割すると，最後は2の階乗，すなわち，2! と表せますので，問題の答は，5! ＝(5×4×3)×(2!)より，以下のように求められます．

$$5 \times 4 \times 3 = 5! \div 2! \ (= 120 \div 2 = 60)$$

この問題の場合，「5」と「3」という二つの数字が鍵になっていますが，上の計算では5と2しか出てきません．これは，その計算の成り立ちから考えて，2＝5－3と理解し，5! ÷(5－3)!とすれば，他の問題にも簡単に応用することができるようになります．

この方法を知れば，後は「階乗計算の表」さえあれば，たくさんの掛け算をしなくても，結果が得られるわけです．

組合せの数

　しかし，ここで一つ気になることがあります.

　それは，選手の名前を「a,b,c,d,e」と表した場合に，その中からさらに選ばれた三人，たとえば「a,b,c」も

　　「a,c,b」　「b,c,a」　「b,a,c」　「c,a,b」　「c,b,a」

も，いずれも選ばれているのは，「a選手」「b選手」「c選手」の三人であり，結局これらは同じチームを表すのではないか，という点です.

　すなわち，先に求めた「六十通り」という答は，具体的な「チーム作り」という意味からは重複があることが分かります——このように，"一列に並べる"という制約を外して，その中身にだけ注目した場合，それを「**組合せの数**」といいます.

　では，どれほど重複しているのでしょうか. これは並べ方と無関係に，その中身（選手）だけを見なさい，ということでしたから，たとえば，「a,b,c」という三選手の並べ方の総数さえ分かればよいわけです.

　これは，今求めましたように，3! ＝ 6 より六通りとなりますので，結局，求めるべき数は，この結果で割り算して

$$[\,5! \div (5-3)!\,] \div 3! \,(= 60 \div 6 = 10)$$

より十通りの異なったチームを作ることができること，すなわち，五人から三人を選んで，その並び順を問わない，この場合の「組合せの数」は 10 となることが分かりました.

ネコ一家の「温泉に行けるペア」の組合せを調べよう。

一人目	二人目	並べ方
僕		① 僕と父
		② 僕と母
		③ 僕と妹
		④ 僕と祖父
父		⑤ 父と僕
		⑥ 父と母
		⑦ 父と妹
		⑧ 父と祖父
母		⑨ 母と僕
		⑩ 母と父
		⑪ 母と妹
		⑫ 母と祖父
妹		⑬ 妹と僕
		⑭ 妹と父
		⑮ 妹と母
		⑯ 妹と祖父
祖父		⑰ 祖父と僕
		⑱ 祖父と父
		⑲ 祖父と母
		⑳ 祖父と妹

並べ方は
これだけ
あるね。

でも、よく見ると…

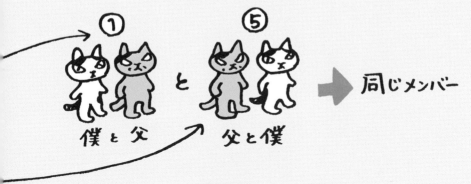

僕と父　→　父と僕　　⇒　同じメンバー

同様に…

②と⑨、③と⑬、④と⑰、⑥と⑩、

⑦と⑭、⑧と⑱、⑪と⑮、⑫と⑲、

⑯と⑳ は、いづれも 同じメンバーだ。

だから、五人から二人を選ぶ 組合せ は、

$$20 通り \div 2 = 10 通り$$

(5! ÷ 3!) ÷ (2!)

二人の並べ方の総数 ① ②

具体的に，中身を含めて列挙すれば

　「a,b,c」　　「a,b,d」　　「a,b,e」　　「a,c,d」　　「a,c,e」

　「a,d,e」　　「b,c,d」　　「b,c,e」　　「b,d,e」　　「c,d,e」

という十種類になります．

ここまで分かれば，後の応用は簡単です．

ラグビーチームから，サッカーチームを作る場合には

$$[15! \div (15 - 11)!] \div 11!$$

より1365通りの異なるチームを作ることができるわけです．

同じように野球のチームを作る場合には

$$[15! \div (15 - 9)!] \div 9! = 5005（通り）$$

であり，四十人のクラスを，二十人対二十人の二つに分ける分け方の総数は，なんと

$$[40! \div (40 - 20)!] \div 20! = 137846528820（通り）$$

もあることが分かります．すなわち，クラス会の選挙で，「二十票対二十票」の同数になったとしても，それは「千四百億通り近い組合せの中の一つである」ということなのです．

$$\frac{1}{137846528820}\ \text{の組合せ}$$

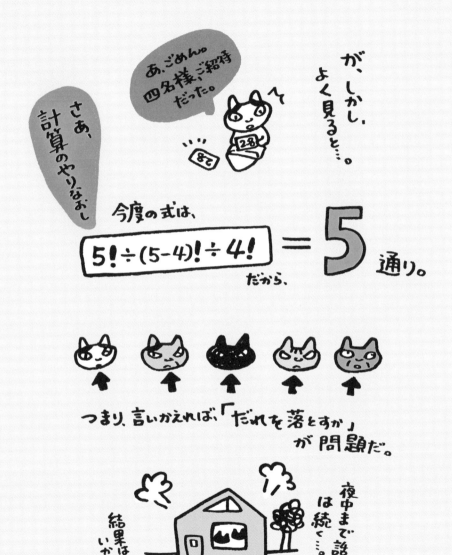

が、しかし、よく見ると…。

あ、ごめん。四名様、ご招待だった。

さあ、計算のやりなおし

今度の式は、

$$5! \div (5-4)! \div 4! = 5$$

だから、5通り。

つまり、言いかえれば、「だれを落とすか」が問題だ。

夜中まで話し合いは続く…。

結果はいかに？

つづく。

23 「いろは歌」を作ろう

　階乗の意味が分かってくると，身の回りにある色々な物や考え方の，その全体の数を求めてみたくなります．そこで，日本語の言葉が，いったいどれくらいあるのか，それについて考えてみましょう．

　下の表は「五十音図」という名前ですが，「ん」を入れて五十一あります．ところが，「い」「う」「え」は重複していますので，実際には，四十八文字になっています．

```
んわらやまはなたさかあ
ゐりいみひにちしきい
うるゆむふぬつすくう
ゑれえめへねてせけえ
をろよもほのとそこお
```

　ここで皆さんは，「ゐ」「ゑ」に興味津々でしょう．これらは，現在ではそれぞれ「い」「え」と同じ扱いをしていますが，昔は発音もわずかに違っていたのです．古文を読むためには欠かせない二文字です．
　"かうした文字やかな遣ひを通して，百年前は，千年前の文學にも自然につながつてゐたのですが，今は百年前の夏目漱石の文章ですら，原文では讀めなくなつてしまひました．残念といふ他ありません"．

言葉の数はいくつある？

　さて，話を簡単にするために，「ばびぶべぼ」のような濁音や，「ぱぴぷぺぽ」のような半濁音を除いて，語は何種類ぐらいあるのか，を具体的に計算してみましょう．

　まず，一音の場合は，明らかに先の五十音図に記された四十八種類
です．「か（蚊）」「け（毛）」「こ（子）」「き（木）」「み（身）」「め（目）」な
どですね．ただし，一つの音にたくさんの語が重なっています．

　たとえば，「い」には「衣」もあれば「医」もある，「意」もあれば
「異」もありますが，これらはまとめて一つと数えておきましょう．

　次に二文字の場合は，どうでしょうか．これも話を簡単にするため
に，一音は一回限り，と制限しておきましょう．すなわち「はは」や
「ちち」，「みみ」や「もも」などは省いておきます．

　そうすると，最初の文字の選択が四十八通り，その次の選択が四十
七通りですから，全体では

$$48 \times 47 = 2256 \text{ 種類}$$

となります．具体的には，「ねこ」「さる」「いぬ」「うみ」「そら」「や
ま」「かわ」などなどです．意外に少ないように感じるでしょう．皆
さんも他に例をたくさん作ってみて下さい．

　同様に，三文字の場合には

$$48 \times 47 \times 46 = 103776 \text{ 種類}$$

であり，「おとこ」「おんな」「あさひ」「ゆうひ」「てんき」「くもり」
「ありま」「あたみ」「はこね」などです．
　以降，四文字で 4669920 種類，五文字で 205476480 種類と増えて
いきます——もちろん，この中には，語頭に「ん」がきたり，その他
にも日本語としてまったく意味を持たないものも多くありますが，そ
うした細かいことは，最初は除外しておくのが，全体を調べるときに
大切な考え方です．はじめから細かくすると，大事なところに行き着
く前に疲れてしまいます．

　我が国には，"世界最短の文学"と呼ばれる，「俳句」や「短歌」の伝
統があります．俳句とは，季節を表す言葉——これを「季語」といい
ます——を織り交ぜた「五・七・五」の十七文字，一方，短歌は「五・
七・五・七・七」の三十一文字の形式を持ちます．次の句は，皆さん
もきっと聞いたことがあるでしょう．もちろん，次頁の句ですよ．

満月や
ひとり留守番
家の風呂

古池や
蛙飛びこむ
水の音

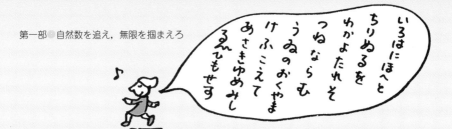

さて，先の場合と同様に，四十八文字を重複なく一度だけ用いて，いったい何首の俳句が作れるのか調べてみましょう．これは，四十八文字から十七文字を選ぶ問題ですから，先にご紹介しましたように

$$48! \div (48 - 17)! = 150968736158147957764 9152000$$

とすれば求まります．ものすごい数ですね，これで皆さんも一句ひねる気分になったでしょうか．

短歌の場合も同じようにして

$$48! \div (48 - 31)!$$
$$= 3490119304746851535698729158 65404021145600000000$$

だけの異なる作品を作ることができます．

新しい「いろは歌」を作ろう

さて，こうして順に考えていき，最終的にかな文字すべてを重複なく一回だけ使えば，それは何種類になるでしょうか．これはかな遣いの勉強にもなり，言葉遊びとしても中々おしゃれなものです．

「ん」を除いた四十七文字を，もれなく一回だけ用いて，七五調四句の形に作られたのが，下にあります「いろは歌」として長く親しまれてきたものです——これは，弘法大師・空海の作品であると伝えられてきましたが，現在ではこの説は否定されているようです．

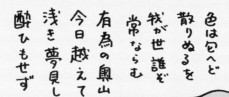

では、「ん」を除いた四十七文字を、もれなく一回だけ用いる、という条件を満たす「いろは歌」は、理論的には何首作れるのでしょうか．これは、まさに 47! を求める計算なので、以下のようになります．

$$47! = 25862324151116818064429643551536$$
$$119799691976323891200000000000$$

すごい可能性ですね．皆さんも一度挑戦して下さい．一字ずつ紙に書いて床の上に並べれば、よいアイデアが出てくるかもしれません．

ここでは、一見数学とはまったく関係がなさそうに見える俳句や短歌、いろは歌などの“可能性”を、階乗計算の考え方から探りました．

24 素数砂漠と面白い形の素数

　これまでに，"すべての自然数は素数の掛け算で表せる"こと，また"素数は無限に存在する"が，大きくなるにしたがって"次第にまばらになる"ことなどをご紹介してきました．さらに，巨大な数を生み出す「階乗」と呼ばれる数の表し方を知りました．

　実は，この二つの要素，階乗と素数を合わせると，とても面白いことが明らかになってくるのです．

素数の砂漠

　階乗を使って，欲しいだけ合成数の続く区間，言い換えれば素数がまったく見当たらない"素数の砂漠"を作ることができるのです．

　たとえば，10 の階乗を使って

なんにもないね。

$$10! + 2 \ = 3628802,$$
$$10! + 3 \ = 3628803,$$
$$10! + 4 \ = 3628804,$$
$$10! + 5 \ = 3628805,$$
$$10! + 6 \ = 3628806,$$
$$10! + 7 \ = 3628807,$$
$$10! + 8 \ = 3628808,$$
$$10! + 9 \ = 3628809,$$
$$10! + 10 = 3628810$$

を作ってみましょう. もともと 10 の階乗とは

$$1 \times 2 \times 3 \times 4 \times 5 \times 6 \times 7 \times 8 \times 9 \times 10 = 10! \ (= 3628800)$$

のことでしたから

$$10! + 2 = (1×2×3×4×5×6×7×8×9×10)+2$$
$$= \mathbf{2}×(1×3×4×5×6×7×8×9×10+1),$$
$$10! + 3 = (1×2×3×4×5×6×7×8×9×10)+3$$
$$= \mathbf{3}×(1×2×4×5×6×7×8×9×10+1),$$
$$10! + 4 = (1×2×3×4×5×6×7×8×9×10)+4$$
$$= \mathbf{4}×(1×2×3×5×6×7×8×9×10+1),$$
$$10! + 5 = (1×2×3×4×5×6×7×8×9×10)+5$$
$$= \mathbf{5}×(1×2×3×4×6×7×8×9×10+1),$$
$$10! + 6 = (1×2×3×4×5×6×7×8×9×10)+6$$
$$= \mathbf{6}×(1×2×3×4×5×7×8×9×10+1),$$
$$10! + 7 = (1×2×3×4×5×6×7×8×9×10)+7$$
$$= \mathbf{7}×(1×2×3×4×5×6×8×9×10+1),$$
$$10! + 8 = (1×2×3×4×5×6×7×8×9×10)+8$$
$$= \mathbf{8}×(1×2×3×4×5×6×7×9×10+1),$$
$$10! + 9 = (1×2×3×4×5×6×7×8×9×10)+9$$
$$= \mathbf{9}×(1×2×3×4×5×6×7×8×10+1),$$
$$10! + 10 = (1×2×3×4×5×6×7×8×9×10)+10$$
$$= \mathbf{10}×(1×2×3×4×5×6×7×8×9+1)$$

となって，これらの数は，順に 2，3，4，5，6，7，8，9，10 という約数を持つ，すなわち，合成数であることが分かります．したがって，10! + 2 から 10! + 10 までの九つの間には素数はありません．

そこで，今度は 100! を基礎に考えてみれば

$$100! + 2，\quad 100! + 3，\quad 100! + 4，\quad 100! + 5，$$
$$\ldots\ldots，100! + 98，\quad 100! + 99，\quad 100! + 100$$

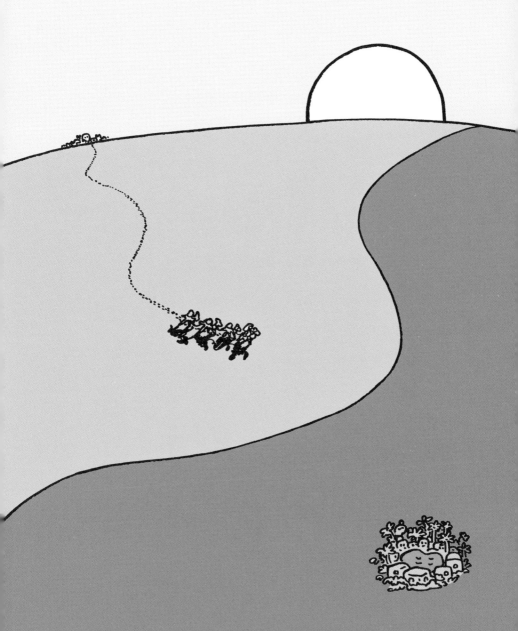

となり，この 99 個の間には素数はないことが分かります.

1000! を元にすれば 999 個，10000! を使えば 9999 個の合成数の区間を作ることができるのです. このことから，好きなだけ合成数が続く，"素数砂漠" を作り得るわけですから，素数がいかにまばらにしか存在していないかが理解できるでしょう.

このように大きな数の区間では，滅多にお目にかかれない素数ですが，それでも無限に存在します. しかも，「最初の素数 2」からはじめて，「二番目の素数 3」「三番目の素数 5」「四番目の素数 7」と順に番号が付けられることから，やはり自然数と同じだけ存在すること，すなわち，「**アレフ・ゼロ**」で表される存在だということが分かります.

滅多に弾の出ない "素数バズーカ" も，やはり無限に弾が出るのです. 素数の魅力は，このような，まばらに，しかししっかりと存在するその在り方にもあるのです.

回文と面白い素数

ここで，ちょっと面白い形の素数をご紹介いたします．まずは

★ 1234567891，

★ 123456789123456789123456789123456789，

★ 123456789123456789123456789123456789
123456789123456789123456789123456789

です．きれいな数の並びをしていますね．

ところで，皆さんは「回文」を知っていますか．回文とは

「竹薮焼けた」　「良き月夜」　「夏まで待つな」

などのように，"右から読んでも左から読んでも同じになる文のこと"
をいいます．一度皆さんも「回文」に挑戦してみてはどうでしょうか，
言葉遊びとして大変面白いものですよ．

ここでは，右から読んでも左から読んでも同じになる回文的な数，すなわち，「回文数」なるものを考えてみましょう．たとえば

1，

121，

12321，

1234321，

123454321，

12345654321，...

ですが，これらは面白いことに

$$1^2, \quad 11^2, \quad 111^2, \quad 1111^2, \quad 11111^2, \quad 111111^2, ...$$

というようにそれ自身が回文数である「11…11」の二乗の形で表されるのです．電卓などで実際に正しいか確かめてみて下さい．

この1だけで作られた回文数には，「**レプ・ユニット**」という名前が付いています——1（ユニット）の繰り返し（リピート）という意味．

そして，さらに面白いことに「レプ・ユニット」で，しかも素数になる数，すなわち，「回文的な素数」が存在することが知られています．

11，$\underbrace{11\cdots11}_{19\,個}$，$\underbrace{111\cdots111}_{23\,個}$，$\underbrace{1111\cdots1111}_{317\,個}$，$\underbrace{11111\cdots11111}_{1031\,個}$

目が回りそうな "1の洪水" ですが，これらもまた素数なのです．

素数は無限にあります．それは自然数と同じ程度の無限です．しかし，素数のまったく無い，まるで "砂漠のような区間" も存在するのです． 皆さんも，こうした素数の奥の深さ，不思議さが次第に分かってこられたのではないでしょうか．

25 素数のまとめ

素数に関する様々な話題を採り上げ，その性質を調べてきました．第一部の終わりに際して，ここで簡単に振り返ってみましょう．

素数とは，1と自分自身以外の約数を持たない数のことでした．素数を順序よく求める方法は知られておらず，一番簡単に大量の素数を見付ける方法は「エラトステネスのふるい法」を用いることでした（第15章）．100以下の数では，次の二十五個が素数でした．

2，3，5，7，11，13，17，19，23，29，31，37，41，
43，47，53，59，61，67，71，73，79，83，89，97．

素数は無限に存在します．すなわち，これが最大の素数である，といえるようなものはありません．それを示す方法を調べながら，「証明」とは何か，ということを論じました（第16章）．

　このような素数の持つ性質から，具体的な巨大素数を計算機を利用して求めることが行われており，そこでは「メルセンヌ数」と呼ばれる数の形が使われているのでした（第17章）.

　すべての自然数は，素数の積で表すことができ，これを「**素因数分解**」と呼ぶことを知りました. このことから，素数は，"**数の原子**"とも考えられることを述べました（第18章）.

　大きな数の素因数分解をすることは非常に難しく，そのことを利用して，「**暗号**」が作られていることも知りました（第19，20章）.

　「**階乗**」と呼ばれる数の計算方法を利用して，連続して素数の存在しない区間を作りました. この方法によって，素数はとても珍しい存在であることが，あらためて理解できました（第24章）.

素数の個数

　このように色々な面白い性質を持った素数ですが，素数は無限に存在しながらも，数が大きくなるにしたがって，極めて希にしか存在しなくなるのです．素数を順序よく見付ける方法もなく，まばらに，まさに"砂漠のオアシス"のようにしか存在しない素数に，一般的に成り立つ法則はないのでしょうか．

　そこで，個々の素数の性質ではなく，素数全体の性質を調べるために，ある範囲に存在する素数の個数を調べてみることにしましょう．

　100 以下に素数は二十五個あることが分かっていますから，それを右のように図示することにします．これには，左から右に順に自然数を並べ，縦方向にその数までの素数の個数が示されています．

　数の関係が目で見て分かるように工夫された図のことを「グラフ」と呼びます——特に，この場合は，縦に"棒のように伸びた長方形が特徴"ですので，「棒グラフ」と呼ばれています．

　ある範囲までの個数に注目して，グラフに描いてみますと，全体的なおおよその傾向が分かってきます．

　さらに，このグラフの端の一点を直線で結んでみましょう——こうして描かれるグラフを「折れ線グラフ」といいます（右頁下段）．

素数の全体像を探る

　さて，ここでこの折れ線グラフをもう少し遠くから眺めてみることにしましょう．紙面から次第に目を離してみて下さい．細かな凸凹は別にして，折れ線が"滑らかな曲線"に見えてきませんか？

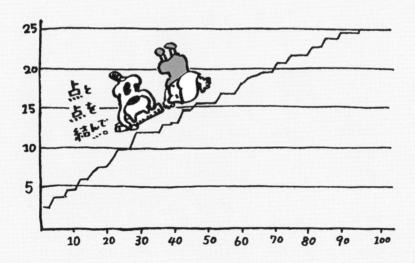

順番に求めることもできず，砂漠の中に隠された宝石のように，なんの規則性もなく存在するように見えた素数ですが，その個数に注目して調べてみると，このグラフで示されたような"明らかな規則性"を持っていることが分かりました.

もう少し大きな範囲にまで拡げて，さらに調べてみましょう.
次の表を，先の場合と同じように，グラフに表しますと，もう凸凹はどこにも見当たりません. まるで一本の直線のように見えます.

数の範囲	素数の個数
10	4
100	25
1000	168
10000	1229
100000	9592
1000000	78498
10000000	664579
100000000	5761455
1000000000	50847534
10000000000	455052511

もちろん，これは扱う数の範囲があまりにも大きいために，その凸凹や曲がり方がうまく表現されていないだけで，やはり折れ線であることには違いありません. ただし，個数に対する規則性は一段とハッキリしてきました.

このグラフに示された素数の規則性は，「素数定理」という名で呼ばれています. なんの規則もなく，バラバラに存在するように見えた素数にも，こうした"隠された統一性"があったのです.

　素数定理から生まれる新たな数の拡がりを，数学者は「ζ（ゼータ）の世界」と呼んでいます——カッコイイ名前でしょう．これは大数学者「リーマン」により示された数学における最大の難問なのです．

　素数は"数の原子"として，自然数の理解の中心的な役割を担うだけではなく，その存在自体が，多くの意外性を含んだ不思議な不思議な数なのです．この不思議さは未だ充分に解明されていません．
　簡単だけど難しい，単純だけど複雑な，数の王様「素数」は，皆さんに挑戦されることを待っています．
　皆さんの若々しい力で是非とも「ζの謎」を解いて下さい．

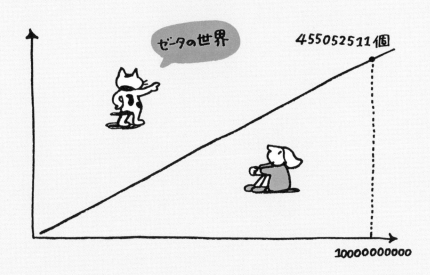

179

第二部で学ぶこと

　第二部では，はじめに「完全数」「巡回数」などと呼ばれる面白い数の性質を学びます．また，「パスカルの三角形」を利用して"数のクリスマスツリー"を作ります．

　何も無いことを示す「数０」を紹介し，負の数を学びます．そして，そこから新しい数の集まりである「整数」の世界が拡がります．

　自然数を"拡張"したはずの整数が，やはり自然数と同じ「濃度」を持つ，という無限の不思議に触れていきます．

　整数の四則計算を学びながら，負の数の二乗が正の値になることを，「ベクトル」と呼ばれる矢印を利用して説明します．このベクトルに誘われて，"心で感じる数"「虚数」の世界に遊びます．「演繹」と「帰納」という二つの考え方，数学における「証明」の意味について学びます．

　そして，"無限の世界"を安全に扱うために，ドミノ倒しの証明法「数学的帰納法」をご紹介いたします．素朴な考え方が"無限"を呼び込む，それが数の世界なのです．

26 数の友情

　素数により，すべての自然数は素数の積に分解され，そのことから

$$自然数 = \begin{cases} 1, \\ 素数　：(2, 3, 5, 7, \ldots), \\ 合成数：(4, 6, 8, 9, \ldots) \end{cases}$$

という分け方ができたのでした．ここでは，このような「自然数の分類」について，異なる立場から考えていきます．

自然数の分類

　まず，復習の意味も込めて「自然数の約数」について今一度考えてみます——この分野でもピタゴラスは大いに貢献しています．
　6は約数として，1, 2, 3, 6 の四つを持つことを思い出して下さい．約数・倍数というのは，掛け算・割り算の結果求められるものですが，ここですべての約数を"足し合わせる"と

$$1 + 2 + 3 + 6 = 12$$

となり，自分自身の値の二倍になります．
　自身を除いた約数の和は6ですから，"**自身を除くすべての約数を足し合わせたものが再び自身に一致している**"わけです．このような性質を持つ数を「完全数」といいます．もちろん，このようにうまくいく数は極めて希で，それがこの名前の由来になっているのです．
　6の次に簡単な「完全数」の例は28で，約数：

$$1, 2, 4, 7, 14, 28$$

6 の約数 1, 2, 3, 6 → 自分は除いて…

1 + 2 + 3 = **6** 元通り。

28 の約数 1, 2, 4, 7, 14, 28 → 自分は除いて…

1 + 2 + 4 + 7 + 14 = **28** ね?

より，自身を除いた約数の和は

$$1 + 2 + 4 + 7 + 14 = 28$$

となっていることが分かります．

それでは，完全数でない数の場合には，約数の和はどのようになるのでしょうか．たとえば220の場合，自身を除く約数：

$$1, 2, 4, 5, 10, 11, 20, 22, 44, 55, 110$$

をすべて足し合わせますと

$$1 + 2 + 4 + 5 + 10 + 11 + 20 + 22 + 44 + 55 + 110 = 284$$

となり，結果が元より大きくなります．このような性質を持つ数には，「過剰数」という名前が付けられています．

また，284 などは，その約数：

$$1, 2, 4, 71, 142$$

をすべて足し合わせると

$$1 + 2 + 4 + 71 + 142 = 220$$

となり，元の数より小さくなるので，「不足数」と呼ばれています．

　このように，自然数の約数の和を調べますと必ず，これら三つの数，すなわち，「完全数」「過剰数」「不足数」のいずれかになることが分かっています——これで 1 を除く自然数は，こうした三種類の分け方も可能であることが分かりました．

不足数 (イメージ)

約数の合計が少ないの。

　実際に，100 以下の数の約数を順番に求めて，三つの分類のどれに
なるのかを自分で確かめてみて下さい．

友愛数

　さて，すでに気付いた皆さんもおられるでしょう，先の例に挙げ
た 220 の，自分自身を除いた約数を足し合わせた結果は 284 となり，
284 の結果は 220 となります．何とまあ不思議な関係があるものです
ね．"大変だな"と感じた約数の計算も，こうした数相互の関係を見
付けると，一気に楽しいものに変わっていきます．
　このような関係にある一組の数を「友愛数」，あるいは"親和数"
と呼びます．これは，"ピタゴラスによる命名である"とされていま
す．実際，ピタゴラスは「友人とは何か？」という問に対して「それ
は 220，284 のごときものである」といったそうです．さすが，"数を
信仰の対象にまでしていた"とされるピタゴラスらしい言葉です．
　皆さんが自分一人の力で「友愛数」を見付けるのは，なかなか難し
いことかもしれません．しかし，与えられた数の組が「友愛数」の関
係にあるかどうかを確かめることはできます．たとえば

$$\left\lceil \begin{array}{l} 1184 : (1+2+4+8+16+32+37+74+148+296+592=\textbf{1210}), \\ 1210 : (1+2+5+10+11+22+55+110+121+242+605=\textbf{1184}) \end{array} \right.$$

$$\left\lceil \begin{array}{l} 2620 : (1+2+4+5+10+20+131+262+524+655+1310=\textbf{2924}), \\ 2924 : (1+2+4+17+34+43+68+86+172+731+1462=\textbf{2620}) \end{array} \right.$$

$$\left\lceil \begin{array}{l} 5020 : (1+2+4+5+10+20+251+502+1004+1255+2510=\textbf{5564}), \\ 5564 : (1+2+4+13+26+52+107+214+428+1391+2782=\textbf{5020}) \end{array} \right.$$

などが「友愛数」であることは分かりますね．

　以下に「友愛数」の例を挙げておきますから，一度自分自身で，本当にそうなっているかどうか，確かめて下さい．

(220,284),　　　　　(1184,1210),　　　　(2620,2924),
(5020,5564),　　　 (6232,6368),　　　　(10744,10856),
(12285,14595),　　 (17296,18416),　　 (63020,76084),
(66928,66992),　　 (67095,71145),　　 (69615,87633),
(79750,88730),　　 (100485,124155),　 (122265,139815),
(1175265,1438983),　(9363584,9437056).

　ここでは，約数を基礎にして，自然数の新しい分類と見ることができる，「完全数」「過剰数」「不足数」を知り，二つの数の面白い相互関係である「友愛数」について学びました．

27　数のメリーゴーランド

　二つの数の相互の関係である「友愛数」について学びました．実際の数同士の関係も見事なものですが，それよりもその名前の付け方が面白いですね．ここでは，それに負けないくらい面白い，ぐるぐる回る"数のメリーゴーランド"をご紹介いたします．

ある自然数の性質

　遊園地へ遊びに行ったつもりで，さっそく"メリーゴーランド"を楽しみましょう．それではご紹介いたします，自然数 142857 です．

　この数は「回文数」，たとえば，1234321 のように見ているだけでは，その名前の由来は分かりません．この数を"回す"ためには，次のように，1 から 6 までの数を掛け算してやる必要があります．

$$142857 \times 1 = 142857,$$
$$142857 \times 2 = 285714,$$
$$142857 \times 3 = 428571,$$
$$142857 \times 4 = 571428,$$
$$142857 \times 5 = 714285,$$
$$142857 \times 6 = 857142.$$

190

まだ分かりませんか. それではもっと見やすく並べ替えましょう.

$$142857 \times 1 = 142857,$$
$$142857 \times 3 = 428571,$$
$$142857 \times 2 = 285714,$$
$$142857 \times 6 = 857142,$$
$$142857 \times 4 = 571428,$$
$$142857 \times 5 = 714285.$$

　今度は,数142857の各桁の数字が,グルッと円をなすようにして,順番に入れ替わっていることがよく分かるでしょう——たとえば,7に注目. こうした性質を持つ数のことを「巡回数」といいます.
　実際のメリーゴーランドが電源のスイッチを押さないと回らないように,「巡回数」も掛け算をしないと"回って"くれません.

「巡回数」142857 は，1 から 6 までの数を掛け算する，たとえれば "六人乗り" の小さな小さなメリーゴーランドでした．
次の「巡回数」は少し大型で，"十六人乗り" の

588235294117647

です．同じように，1 から 16 までの数を順に掛け算してみましょう．

588235294117647 × 1 = 588235294117647，
588235294117647 × 2 = 1176470588235294，
588235294117647 × 3 = 1764705882352941，
588235294117647 × 4 = 2352941176470588，
588235294117647 × 5 = 2941176470588235，
588235294117647 × 6 = 3529411764705882，
588235294117647 × 7 = 4117647058823529，
588235294117647 × 8 = 4705882352941176，
588235294117647 × 9 = 5294117647058823，
588235294117647 × 10 = 5882352941176470，
588235294117647 × 11 = 6470588235294117，
588235294117647 × 12 = 7058823529411764，
588235294117647 × 13 = 7647058823529411，
588235294117647 × 14 = 8235294117647058，
588235294117647 × 15 = 8823529411764705，
588235294117647 × 16 = 9411764705882352．

本当に規則正しく"回って"いるか，先の場合と同じように並替えてみましょう——ここでも，目印に7を太くしておきました．

588235294117647 × 1 ＝ 588235294117647．
588235294117647 × 10 ＝ 5882352941176470．
588235294117647 × 15 ＝ 8823529411764705．
588235294117647 × 14 ＝ 8235294117647058．
588235294117647 × 4 ＝ 2352941176470588．
588235294117647 × 6 ＝ 3529411764705882．
588235294117647 × 9 ＝ 5294117647058823．
588235294117647 × 5 ＝ 2941176470588235．
588235294117647 × 16 ＝ 9411764705882352．
588235294117647 × 7 ＝ 4117647058823529．
588235294117647 × 2 ＝ 1176470588235294．
588235294117647 × 3 ＝ 1764705882352941．
588235294117647 × 13 ＝ 7647058823529411．
588235294117647 × 11 ＝ 6470588235294117．
588235294117647 × 8 ＝ 4705882352941176．
588235294117647 × 12 ＝ 7058823529411764．

各桁の数字が順番に一つずつ前へずれていくのがよく分かりますね．
もっともっと大型の"メリーゴーランド"もありますよ．

52631578947368421　　（18人乗り）．
4347826086956521739113（22人乗り）．

二つに分けて足し合わせると

「巡回数」の面白さ，不思議さはこれだけではありません．一番簡単な例である 142857 に戻って説明しましょう．

この数を真ん中で

$$142857 \rightarrow 142, 857$$

というように，二つに分けてみます．この二つの数を足し合わせると

$$142 + 857 = 999$$

となるのです．気が付きましたか？

そこで，巡回している他の数も同じように計算してみると，なんと

$$428571 \rightarrow 428 + 571 = 999,$$
$$285714 \rightarrow 285 + 714 = 999,$$
$$857142 \rightarrow 857 + 142 = 999,$$
$$571428 \rightarrow 571 + 428 = 999,$$
$$714285 \rightarrow 714 + 285 = 999$$

というように，すべて 999 になります．

巡回数のふしぎ

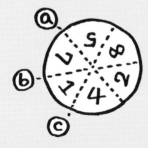

この巡回数を
a,b,c それぞれで
区切って足すと…

発見

$714+285=999$
$285+714=999$

$142+857=999$
$857+142=999$

$428+571=999$
$571+428=999$

いつも **999** になる!

197

次の「巡回数」588235294117647 の場合もまったく同じ要領で

$$5882352 + 94117647 = 99999999,$$
$$52941176 + 47058823 = 99999999,$$
$$11764705 + 88235294 = 99999999,$$
$$58823529 + 41176470 = 99999999,$$
$$17647058 + 82352941 = 99999999,$$
$$64705882 + 35294117 = 99999999,$$
$$23529411 + 76470588 = 99999999,$$
$$70588235 + 29411764 = 99999999,$$
$$29411764 + 70588235 = 99999999,$$
$$76470588 + 23529411 = 99999999,$$
$$35294117 + 64705882 = 99999999,$$
$$82352941 + 17647058 = 99999999,$$
$$41176470 + 58823529 = 99999999,$$
$$88235294 + 11764705 = 99999999,$$
$$47058823 + 52941176 = 99999999,$$
$$94117647 + 5882352 = 99999999.$$

となります．不思議ですね．

　ここでは，"数のメリーゴーランド"巡回数の話をしました．さて
さて，数字が回りましたか，それとも目が回りましたか．

28 数のピラミッド

　第 24 章では，「回文」と「回文数」をご紹介いたしました．簡単に復習しておきましょう．「回文」とは

「竹藪焼けた」「確かに貸した」「私負けましたわ」

のように，右から読んでも左から読んでも，濁音を除いて "同じ音の並びになる文章" のことでした．もう少し長い例を挙げれば

「ながめしは野の花々のはじめかな」
「長き夜のとおの眠りのみな目ざめ波のり舟の音のよきかな」

などがあります．英語の得意な皆さんは，エデンの園で "アダムがイブに自己紹介をした場面" を頭に描きながら，こうつぶやいて下さい．

Madam, I'm Adam.

　これは英語の回文の例です．面白いですね．回文作りは，様々な国で，それぞれの形で行われている知的な遊びなのです．

同じように,「回文数」とは, たとえば

1, 121, 12321, 1234321, 123454321

のように, 左右からの数の並び方がまったく同じになるものをいうのでした. 特に上に示した数は, それ自身が回文数である1,11,111,1111,11111の二乗の形:

$$1 = 1^2,$$
$$121 = 11^2,$$
$$12321 = 111^2,$$
$$1234321 = 1111^2,$$
$$123454321 = 11111^2$$

で表される特別に面白い形のものでした.

数のピラミッドを作ろう

そこで，次第に大きくなっていくこれらの数を上下に並べて "数の
ピラミッド" を作ってみましょう．

$$1^2 = 1$$
$$11^2 = 121$$
$$111^2 = 12321$$
$$1111^2 = 1234321$$
$$11111^2 = 123454321$$
$$111111^2 = 12345654321$$
$$1111111^2 = 1234567654321$$
$$11111111^2 = 123456787654321$$
$$111111111^2 = 12345678987654321$$

どうですか，並べ方の工夫一つで，大変きれいな形になりましたね．
次は，3と6と9だけで作られたもので，掛ける数も掛けられる数
も加える数も，そしてその結果も，すべてが「回文数」になる例です．

$$3 \times 9 \qquad +6 = 33$$
$$33 \times 99 \qquad +66 = 3333$$
$$333 \times 999 \qquad +666 = 333333$$
$$3333 \times 9999 \qquad +6666 = 33333333$$
$$33333 \times 99999 \qquad +66666 = 3333333333$$
$$333333 \times 999999 \qquad +666666 = 333333333333$$
$$3333333 \times 9999999 \qquad +6666666 = 33333333333333$$
$$33333333 \times 99999999 \qquad +66666666 = 3333333333333333$$
$$333333333 \times 999999999 +666666666 = 333333333333333333$$

これらは共に「回文数」により作られたピラミッドでしたが，もう少しルールを自由にして，式全体が回文的な構造を持ったピラミッドを作ってみましょう．

$$1 \times 8 + 1 = 9$$
$$12 \times 8 + 2 = 98$$
$$123 \times 8 + 3 = 987$$
$$1234 \times 8 + 4 = 9876$$
$$12345 \times 8 + 5 = 98765$$
$$123456 \times 8 + 6 = 987654$$
$$1234567 \times 8 + 7 = 9876543$$
$$12345678 \times 8 + 8 = 98765432$$
$$123456789 \times 8 + 9 = 987654321$$

この並びも面白いですね．皆さんも回文数作りに挑戦して下さい．

パスカルの三角形

今度は，その一段一段が，互いに離れないように，ある計算規則でしっかりと"接着された"頑丈なピラミッドの例を紹介しましょう．

はじめに，頂上に「1」と書き，その下に「1，1」と並べます．そしてその下には，左右の両端に，やはり「1，1」と書き，真ん中に，上段の1と1を足し算した結果である「2」を書きます．

すなわち，三段目までの完成図は右図のようになります．以後，両端に1を書き，上段の隣り合った二つの数を加えた結果をちょうど間に入るように書いていきます．

203

　たとえば四段目であれば，「左から1」，「1と2を足して3」，「2と1を足して3」，そして「右端に1」となります．

　これを順に繰り返していきますと，以下のようになります．

```
                    1
                  1   1
                1   2   1
              1   3   3   1
            1   4   6   4   1
          1   5  10  10   5   1
        1   6  15  20  15   6   1
      1   7  21  35  35  21   7   1
    1   8  28  56  70  56  28   8   1
```

　これは「パスカルの三角形」と呼ばれている大変重要な"数のピラミッド"です．この図を一目見て分かることは，まず，左右対称な数の並びになっていること，そして左右の端の一つ内側の数が，順に1,2,3,....と一つずつ増えていっていることなどが挙げられます．

　以上の例から，数のピラミッド作りにも様々な方法があることがお分かりいただけたと思います．**このように計算式全体が，"対称性"や"統一性"といった数学でもっとも尊ばれる性質を，私達に目に見える形にして表してくれているのです．**

　こうした並びに美しさを感じたり，組み上げる楽しさを感じたりする人は，すでに数学の本質に鋭く迫っている人だといえます．数学を楽しむためにもっとも必要なものは，美を感じる"豊かな感情"であることを忘れないで下さい．

29 場合の数を数えよう

回文数を用いた"数のピラミッド"をいくつか"建設"しました．また，各段の数が相互に関係し，頑丈でしかも美しい構造を持った「パスカルの三角形」：

$$
\begin{array}{ccccccccccccccccc}
 & & & & & & & & 1 & & & & & & & & \\
 & & & & & & & 1 & & 1 & & & & & & & \\
 & & & & & & 1 & & 2 & & 1 & & & & & & \\
 & & & & & 1 & & 3 & & 3 & & 1 & & & & & \\
 & & & & 1 & & 4 & & 6 & & 4 & & 1 & & & & \\
 & & & 1 & & 5 & & 10 & & 10 & & 5 & & 1 & & & \\
 & & 1 & & 6 & & 15 & & 20 & & 15 & & 6 & & 1 & & \\
 & 1 & & 7 & & 21 & & 35 & & 35 & & 21 & & 7 & & 1 & \\
1 & & 8 & & 28 & & 56 & & 70 & & 56 & & 28 & & 8 & & 1
\end{array}
$$

をご紹介いたしました．ここからは，この三角形に秘められた，面白くも不思議な性質を順に解き明かしていきます．

場合の数を数える

「パスカルの三角形」に登場する各段の数はすべて，一つ上の段の二つの数の和として定められています．このことを，もう少し具体的に"目に見える形"にして考えるために，数が書かれた位置にピンが植え込まれた「ボード」を作り，一番上の段から球が落ちていく様子を想像してみましょう．次頁のような感じです．

ここで，球は決してピンづたいに横に走ることなく，すぐ下の段の二本のピンのどちらか一方に向かって落下し，もちろん，下から上へ登ることもない，と約束しておきますと，球が下に向かって落ちていく"道"の本数を数えることができます．

　こうした約束の下では，一番上のピンで二分された球は，二段目でさらに二分され，三段目に向かって落ちて行くことになります．

　したがって，三段目中央のピンには，左側のピンで弾かれた球も，右側のピンで弾かれた球も，同じように落ちてくるはずですから，そこには"二本の道"ができていることになります――右図では，上下の段をつないだ線で"道"を表しています．

　さらに下の段を考えましょう．両端のピンに落ちていく"道"の本数は，常に一本しかないことがすぐに分かりますね．

　それでは，左から二本目のピンに来る"道"は何本あるのでしょうか．それは，上の段の左端から来る"道"が一本と，二本の"道"が通じている真ん中のピンからの合計で，結局"三本"ということになります．これは同じ段の隣のピンに関してもまったく同様です．

　なんとこれは，元の「パスカルの三角形」を再現していますね．実は，「パスカルの三角形」に登場する数は，このような特殊なボード上の，各段における"道"の本数を記したものとも理解できるのです．

　そこで，たくさんの球を一番上のピンにぶつけて，順に下に流れていく様子を調べてみることにしましょう．

　たとえば，八十個の球を流して一番下の段で待受け，各ピンの下にどれくらいの球が集まるか，を計算します．一番上のピンで二分された球は，二段目の二本のピンに四十個ずつ配られます．

　続いてその四十個が，また二十個ずつに二分され，下のピンに向かって落ちていくわけですから，三段目真ん中のピンには左から二十個，右から二十個の合計四十個が通ります．

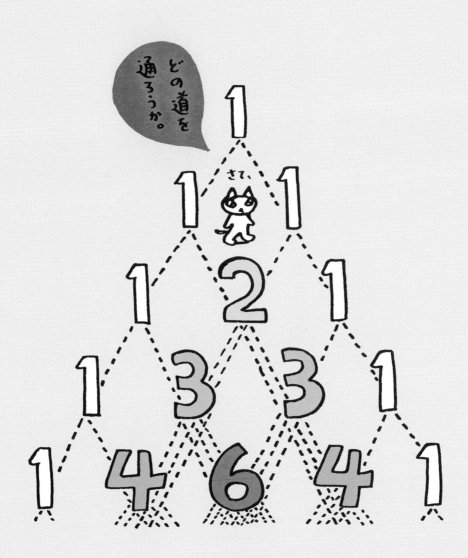

　すなわち，各ピンに到着する球の個数は，パスカルの三角形の数である「1対2対1」と同じ割合，「20対40対20」になるわけです．

　四段目は，もう簡単ですね．"道"の本数は 1+3+3+1=8 本ですから，"道"一本当たりに球十個が通り，「1対3対3対1」ということから，「10対30対30対10」となります．

　五段目は"道"の本数が 1+4+6+4+1=16 本ですから，"道"一本当たり球五個で，「5対20対30対20対5」となります．

　「記号 ■」一つを，球五個と見立てて，各段に流れる球の個数を，棒グラフの形に描いてみましょう．

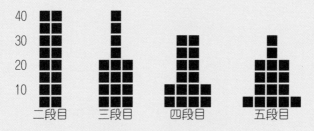

　どの場合も，真ん中に一番多くの球が集まっていますね．

硬貨の裏表

　さらに，「パスカルの三角形」の数は，硬貨の裏表の出方の種類を表す，と見ることもできるのです——右頁に具体的に表しました．

　このように，ある出来事が何種類あるのかを数えるとき，それを「場合の数」と呼ぶことがあります．これで皆さんは，硬貨五枚の裏表の出方を簡単に求めることができますね．

　たとえば，五枚の硬貨の中，三枚が表で二枚が裏になる場合は，パスカルの三角形の次の段の数より，十種類あると分かるわけです．

硬貨のうらおもての出方 ⊕⊕
ウラ オモテ

硬貨二枚

1　2　1

硬貨三枚

1　3　3　1

硬貨四枚

1　4　6　4　1

いろんな使い方があるんだな。

えいっ

30 「数のクリスマスツリー」を作ろう

一年でもっとも楽しい行事の一つがクリスマスでしょう．学校や自宅でツリーを飾る人も多いと思います．ここでは聖夜を知的に楽しむために"数のクリスマスツリー"を作ります．この面白さ，この美しさは，作った人にしか分かりません．皆さんも是非挑戦して下さい．

パスカルの三角形を「偶・奇」で分ける

もうお馴染みになりましたね，「パスカルの三角形」をにらみながら，話を進めていくことにしましょう．

ここでは，右頁のように丸印だけを書いておきました．まずは，自分で正しい数字を丸の中にうめて三角形を完成させて下さい．

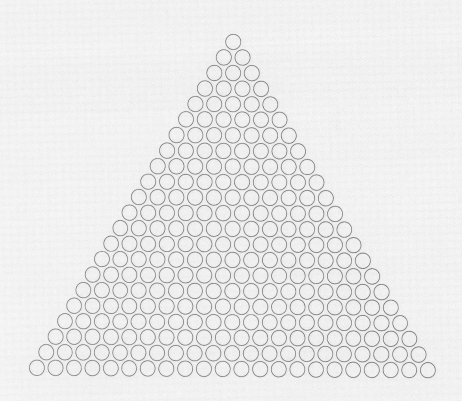

　皆さんは，「偶数」と「奇数」についてすでに学んでいます．偶数とは2で割り切れる数であり，奇数とは2で割って1余る数のことでした．「パスカルの三角形」には偶数も奇数も登場しますが，そこに何か"法則"はあるのでしょうか．

　そこで，パスカルの三角形に書かれた数の中，偶数を白丸で，奇数を黒丸で表すことにしましょう．これによって，数の大きさに目を奪われることなく，偶奇だけを目立たせることができます．

　早速やってみましょう．

　どうですか，びっくりするような規則正しい模様が現れましたね．特に上の四つの段に注目して下さい．

　全体が，右図の繰返しでできていることが見えましたか．「パスカルの三角形」を偶奇によって塗り分けてできる図形は，この小さな図形を基礎にしてより大きな図形へと発展していくのです．

　その様子は段を下に何段伸ばしていっても変わりません．このように，**全体が部分の複写でできている図形を「フラクタル図形」と呼びます**．もっともっと下の段まで，「パスカルの三角形」を伸ばして塗り分けたものが右頁の図です．

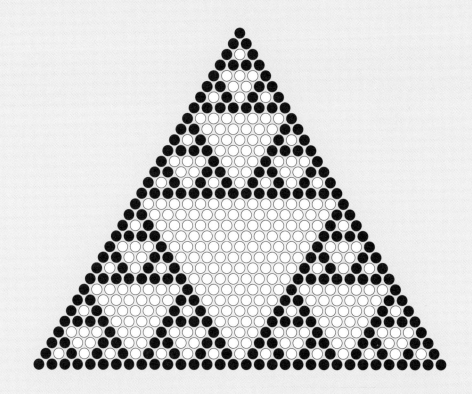

　美しいですね．先に示しました一番小さな三角形を基本図形として，それを三つ集めたものが，次の基本図形になり，さらにそれを三つ集めたものが，その次の基本図形になり，といった繰り返しの様子が，ハッキリと見て取れますね．

　この過程を繰り返していくと，次第次第に白丸の部分が多くなっていくことが分かるでしょう．これは「パスカルの三角形」は，下の段に行くにしたがって，偶数が多くなることを表しているわけです．

　この図形は，次に示すまったく異なった方法からも得られます．

① : まず基準となる正三角形を描き，各辺の中点を線で結ぶ．
② : 元の正三角形は中央部の逆向きの正三角形と， 　　その外側の三つの正立した正三角形に分割される．
③ : 外側の正三角形を新たなる基準とみなし，①へ戻る．

この方法により描かれる図形（次頁）は，「シェルピンスキーのガスケット」と呼ばれる有名な「フラクタル図形」です．

フラクタルぼうし。

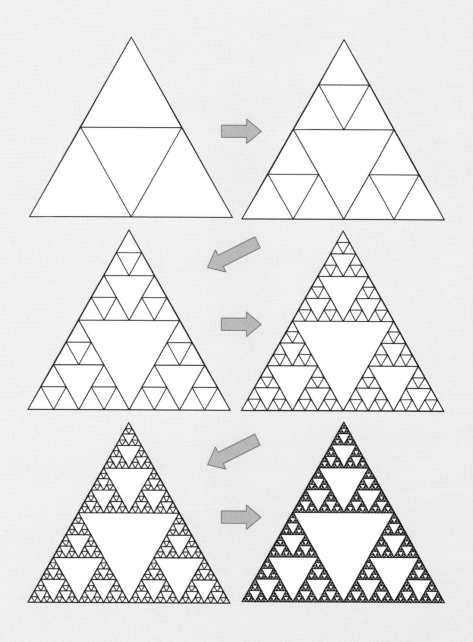

パスカルの三角形に色を塗ろう

さて，「数を偶奇で分ける」とは，2 で割った余りにしたがって数を分類することでした．それでは，3 で割り算すれば，割り切れるもの，1 余るもの，2 余るもの，の三種類に分類できることになりますね．

そこで「パスカルの三角形」に登場する数を，「割り切れるものを○」「1 余るものを●」「2 余るものを◎」で表して塗り分け，幹を付けてみますと，美しい“数のクリスマスツリー”が出来上がります．

この考え方は，どんどん拡げていくことができますね．

すなわち，2 で割れば偶奇の二色に，3 で割れば三色に，4 で割れば四色に，5 で割り算すれば，その余りにしたがって五色の塗り分けができる，ということです．

自由に色を選んで，きれいなツリーを作って下さい．きっとサンタクロースもビックリする，素晴らしいものが出来上がるはずです．

はじめの白丸の図を拡大コピーすれば，色塗りに利用できます．文具店で売っている丸形のカラーシールを使えば，簡単でより美しいものが作れます．是非一度試して下さい．

31 新しい年・新しい数

　西暦 2000 年は 20 世紀最後の年でした．でも，どうして新世紀の幕開けにふさわしい"切りのよい数字"ではなく，2001 年から 21 世紀がはじまるのでしょうか，ちょっと不思議な感じがしませんか．

　「西暦」という言葉は，"西洋の暦"の意味で広く使われていますが，正確にはキリストの誕生に由来する暦であり，「グレゴリオ暦」が正式の名称です．我が国には，「明治」「大正」「昭和」「平成」という「元号」を用いる伝統があり，場合に応じて両者を使い分けています．

位取り記数法，再び

　さて，最近では国語関係の本でさえ，「二千年」を「二〇〇〇年」などと表している場合もあるようですが，日本語としては「二千年」と書くのが正しい表記法です．ここでは，位取りの記号「0」の代わりに，独自の記号「〇」が"発明"されているわけです．

それでは，何故このような奇妙な記号が作られたのでしょうか.

第4章でも紹介しましたように，現在でも時計の文字盤（アナログ仕様）や，オリンピックの回数を表すのに用いられるローマ数字：

I, II, III, IV, V, VI, VII, VIII, IX, X, L, C, D, M,

あるいは，我が国の漢数字：

一, 二, 三, 四, 五, 六, 七, 八, 九, 十, 百, 千, 万, 億, 京

による数の表記は，位取り記数法ではありません.

したがって，大きな数を扱う必要が生じたときには，対応する単位を正確に使えなければなりません. それを"面倒だ"と考えた人達が，混ぜ合わせの記法として「○」を産み出したのでしょう.

　確かに，「千八百六十二年から二十世紀末までは何年か」をこの表記から手際よく求めることはできません——それができると思う人は，頭の中で「アラビア数字(1,2,3,....)」と位取り記数法を利用しているのです．ましてや，掛け算や割り算などまったくお手上げです．

　それに対して，位取り記数法の便利さを知っている皆さんは

$$2000 - 1862 = 138$$

として，直ちに求められるわけです．二数の大小の比較などは，ほとんど頭を使わず，自分でも気付かない中にできてしまうほどですが，こんなことでも，ローマ数字や漢数字の表記法では難しいのです．

　しかし，こうした表記法は，書き直しが難しいために安全面に優れており，小切手などの表書きに利用されるなど，長所も多くあります．

インドとカレーと「0」の発見

　このように，位取り記数法は，そのずば抜けた単純さのために，それまで専門家のみに許されていた**「計算」**を，誰にもできる簡単なものにしたわけです．そこでは，**「空きの記号」**としての「0」が大活躍しますが，これはまさに位取りの位置を表すために用いられるだけのものであって，"数"ではありません——それは，0を含んだ計算の規則が定められていない，という意味です．

　皆さんの中には，「古代史」の勉強が好きな人も多いでしょう．映画やドラマの中にも古代文明の栄光を称えたものが数多くあります．

「古代史」という言葉から，すぐに連想されるものは，「ピラミッド」
や「スフィンクス」などの巨石建造物などでしょうが，小さな小さな
人間の力をどのようにまとめても，あのような巨大な建造物を数学や
物理学の知識なしに作り上げることはできません．

「重い石を運ぶには，たくさんの人が手助けすればよい」と考える
かもしれませんが，石の周りを取り囲む人数は，石の大きさで決まっ
てしまい，そんなに多くはできません．皆さんも一度試してみると分
かります．したがって，数学や物理学によって理論的に裏付けられ
た，それなりの道具を発明しなければ「石一つ運べない」のです．

**こうした事実から，私達人類は，その誕生の時から一所懸命に数学
的な問題と格闘し，それを発展させてきたことが分かります．** しかし
ながら，五千年以上前の「古代バビロニア」から，「ギリシア」「エジ
プト」「ローマ」と続く文明史の，そのどこにも「位取り記数法」と，
数としての０の使用例を見出すことはできないのです．

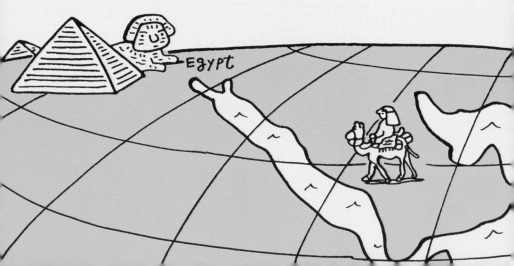

　そして，それは六世紀頃の「インド」において，ついに発明されました．皆さんは，カレーライスを食べるときには，必ず0のことも思い出して下さい．0とカレーは"インドの恵"なのです．
　名もない一人のインド人が発明した「数0」は，現在の私達の文明そのものを支えているのです．

　ここでは，「数0」の生い立ちについてご紹介いたしました．
　ところで，何故2001年から21世紀になるのか分かりましたか．そうです，年号には，0年がなく，1年からはじまるために常に一つだけズレが生じるのです．近いところでは，平成元年はありましたが，「平成0年」はありませんでしたね．すなわち，末尾「0」の数値を何かの"はじまり"とすることはできないのです．謎が解けましたか．

パオーン

India

32 何もないけど，何かある

　本章では，これまで「位取り」の記号，すなわち，"空きを示す"ための一つの記号として使ってきた「0」が，**"新しい数"**として扱われます．さて，そこで必要とされる規則は，どのようなものでしょうか．

ないけれどもある，あるけれどもない

　まず，基本的な考え方から紹介していきましょう．「0」，英語読みでは"ゼロ"，漢字では「零」と書いて"れい"と発音するこの数は，**"物が存在しないこと表している"**ということを理解して下さい．

　たとえば，第1章で示しましたように，猫が三匹いる，立木が三本ある，という場合，その両方に共通する性質，すなわち，個体が三つ存在していることから，数「3」というものが取り出されたわけです．
　これが，"自然数の考え方"の基本なのですが，たとえば，この三匹の中から一匹が走り去ったところを想像して下さい．残った猫は，3−1＝2，より二匹となりますね．同じように考えて，さらに一匹が消えれば，2−1＝1．ついに目の前の猫は一匹になってしまいました──対応する1は，「最小の自然数」であることに注意して下さい．

　さて，最後に残った一匹の猫も，美味しそうな鰹節の臭いにひかれて走り去った，としましょう．皆さんは，これを「式」でどのように表現すればよいと思いますか．
　さて，「1は最小の自然数」ですから，これから何かを引き算することはできません．しかし，目の前で起こった出来事を，なんとか数式の形で書きたい気持ちがあるのです．どうすればよいでしょうか．

こうした問題が起こったとき，私達人類は，"数の考え方を拡げる"
という手法で難関を切り抜けて来ました．これまでの自然数とは違
う，新しい数を創造するのです．

そこで，最後の一匹の猫が去った状態を

$$1-1=0$$

と表してみましょう．これが「数0」の正体です．

1より1だけ小さい数，そこに何もないことを表す数，これが私達
の先祖が何千年もの歳月を掛けてたどり着いた，新しい考え方なので
す．そして，この状態を「猫が三匹，猫が二匹，一匹，最後に猫はい
なくなった」と表現せずに，「0匹の猫がいる」と表現するのです．面
白い言い方でしょう．

「ない」という言葉は，「0がある」と言い替えられるわけです．

この言い方は，すでに皆さんも知らず識らずの中に使っています．
たとえば，「今度のテストは点数がなかった」とはあまり言いません
ね．ほとんどの人が「零点取っちゃった！」などと言うでしょう．

こうして，"ない"ことを"0だけある"と考えるとき，それまでの
「位取りの記号」ではない，数としての0の意味が現れてきます．

「0」の計算規則

それでは，個体が存在しないことを表す，「数0」の計算規則を紹介
しましょう．数としての0は，足し算の相手にどのような数を選んで
も，結果は，その数そのものになり，変化しません．

たとえば

$$1 + 0 = 1, \quad 0 + 1 = 1,$$
$$2 + 0 = 2, \quad 0 + 2 = 2,$$
$$3 + 0 = 3, \quad 0 + 3 = 3,$$
$$4 + 0 = 4, \quad 0 + 4 = 4,$$
$$5 + 0 = 5, \quad 0 + 5 = 5,$$
$$\vdots \qquad\qquad \vdots$$

などです．また，掛け算の場合には

$$1 \times 0 = 0, \quad 0 \times 1 = 0,$$
$$2 \times 0 = 0, \quad 0 \times 2 = 0,$$
$$3 \times 0 = 0, \quad 0 \times 3 = 0,$$
$$4 \times 0 = 0, \quad 0 \times 4 = 0,$$
$$5 \times 0 = 0, \quad 0 \times 5 = 0,$$
$$\vdots \qquad\qquad \vdots$$

のように，どのような相手と掛け合わせても，結果は必ず「0」になります．さらに，自然数だけを考えていた場合には，決してできなかった自分自身との引き算も

$$1 - 1 = 0,$$
$$2 - 2 = 0,$$
$$3 - 3 = 0,$$
$$4 - 4 = 0,$$
$$5 - 5 = 0,$$
$$\vdots$$

と自由に行うことができます．

ただし，0 で割る計算だけは除外されます——その理由は，また後で（第 58 章）ご説明いたします．

このような性質を持つ「数0」を定めると，数学でもっとも大切にされる考え方の一つである"統一性"が色々な計算に現れて来て，その美しさが一段と増すのです.

たとえば，第8章でご紹介しました，割り算と余りの関係：

$$割られる数 \div 割る数 = 商 \cdots 余り$$

$$\longleftrightarrow 割られる数 = 割る数 \times 商 + 余り$$

において，もし割られる数が"割る数より小さく"ても，もう何も気にすることはありません.

$$1 \div 3 = 0 \cdots 1 \quad \longleftrightarrow \quad 1 = 3 \times 0 + 1,$$
$$2 \div 3 = 0 \cdots 2 \quad \longleftrightarrow \quad 2 = 3 \times 0 + 2,$$
$$3 \div 3 = 1 \cdots 0 \quad \longleftrightarrow \quad 3 = 3 \times 1 + 0$$

となり，一回も割り算が行えない場合でも，それは「商0」として，また"割り切れる"ということが，「余り0」として表現されるのです.

すなわち，どのような割り算においても，「商」「余り」という言葉遣いが許され，場合に応じて様々な言葉を遣い分ける必要がなくなる，という大きな利点が生じるわけです.

「ない」ということを表す「数0」の計算規則をご紹介しました. さて，皆さんの心の中に0はしっかりと収まりましたか？

33 豊かな無

「数 0」の話を続けましょう．今回で三回目ですね．

最初は 0 の起源を，二回目は，それが数として扱われるために必要な計算の規則を紹介しました．

また，何故「グレゴリオ暦二千年」が，二十世紀最後の年になるのか，その理由もご紹介しました――それは，西洋の暦においても，我が国の元号においても同様に，「初めの年」を"0 年"とせずに，"元年（1 年）"とすることから生じるズレが原因だったわけです．

しかし，その一方で，時計による一日の刻みには，午前「零時」と呼ばれる，「数 0」に対応する時刻が存在します．如何にも真夜中といった響きがありますね――ただし，この場合は，何回も何回も「零時」が繰り返され，日々が過ぎていくわけですから，皆さんが今学んでいる意味での「0」ではありません．

水が凍って氷になる温度が，「摂氏零度」であることはよく知っているでしょう．しかし，物理学において，もっとも重要な温度の尺度は，水の性質を基準にした「摂氏温度」ではなく，物質内部の分子の運動の激しさを基準とする「絶対温度」と呼ばれるものなのです．

この場合，すべての分子が動かない状態を考えれば，"理論的にこれ以下の温度は有り得ない"ことから，それは「絶対零度」と呼ばれています．如何にも冷たそうな名前ですね．

基準の数としての「0」

このように，"零"が付く言葉を探していくと，0 には"個体が存在しない"という意味とは別の，"何かの基準"としての役割があることが分かってきます．

　たとえば，物差しの目盛を調べてみましょう．30cm の物差しであれば，左から順に，5cm，あるいは，10cm 間隔で大きな目盛が刻まれています．右端には 30cm と数字が刻まれているはずですが，それでは左端には何と書いてあるでしょうか．

　そうです，そこには 0 が誇らしげに書いてあるはずです．

　このように，端を 0 からはじめれば，目盛の読みがそのまま，その点までの長さになって，そこにズレは生じません．

　もし，これが「1」から刻んであれば，どうなるでしょうか．

　5cm の目盛の点は，1cm の点から 4cm しか離れていないわけですから，その間の本当の距離 4cm と目盛にある 5 との差，1cm を常に意識して測らなければならず，大変不便です．これは暦の場合とまったく同じ性質の問題ですね．

　したがって，0には「**基準**」としての意味があるわけです．
　「海抜何メートル」「標高何メートル」といった言葉を聞いたことがあると思いますが，これらは共に，平均的な海水の面を基準として，すなわち，0として測った陸地の高さを意味しています．
　もちろん，この場合も「海抜0メートル」とは，実際には海面と同じ位置であり"高さがない"ことを表しているので，ここまでに学んできた「数0」の考え方とも矛盾しないわけです．

「0」の様々

　はじめ，0は位取りの記号，すなわち，単なる空きを示す記号：

$$10, \quad 100, \quad 1000, \quad 10000, \ldots$$
$$\text{十}, \quad \text{百}, \quad \text{千}, \quad \text{万}$$

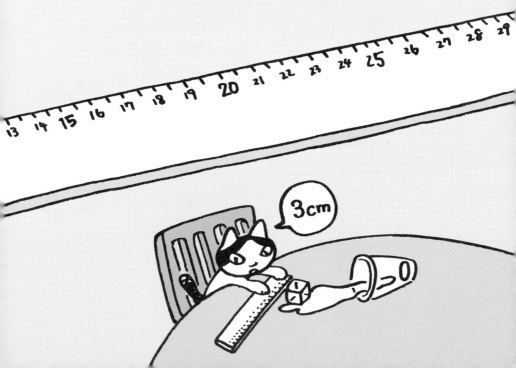

として登場しました．０の個数が，その数の大きさを示しているわけです．この場合の０は，漢数字による表記が示しているように，使わなくても表記を工夫すれば何とか処理できる性質のものでした．

ところが，「数０」は，そうはいきません．自然数の拡張として新たに創造された，数としての０は，"個体が存在しないこと"を表し，他の自然数との計算の規則がきちんと定められているのです．

$$1+0=1, \quad 0+2=2, \quad 3\times0=0, \quad 0\times4=0, \quad 5-5=0$$

皆さんの数学の勉強が，もう少し進むと，０を自然数の仲間に入れたほうが都合が好い場合があることに気が付くでしょう──実際，０を含めた，0,1,2,3,4,5,...を自然数として定める立場もありますが，皆さんは，やはり０をその仲間から外しておいて下さい．ただ，思わずそうしたくなるほど，自然数と０は仲良しなのです．

そして，最後に基準としての０の役割についてご紹介しましたね．０を基準とすることで，物差しの目盛の読みが，そのままその点までの長さを表すようになり，非常に便利になったわけです．

以上，０に関して調べてきたことで，もっとも大切なことは，これらのすべての用法が，互いに矛盾しないことです．この事実に０の大いなる意味があるのです．

"ないことを表す数"なんて"なくてもかまわない"と思っていた人もいるかもしれませんが，それは大変な誤解です．位取りにも使えて，同時に"非存在"を表し，基準としても利用できる，これほど多面的な数は他にありません．皆さん，もっと０を楽しみましょう．

34 自然数からの旅立ち

さて，三回連続して，「0」の性質についてご紹介いたしました.

これまでに，様々な話題を採り上げてきましたが，そこで用いられた数は常に「自然数」に限られていました. ここまで来て，ようやく自然数ではない数，0をご紹介することができたわけです.

数学において，「数」の性質を調べることは，すべての基本となります. 「数」そのものと，それがどのような計算を許す集まりであるかを知ること，この二つの知識が互いに助け合って，「数」に対する理解が次第に深まっていくのです.

自然数に許された計算

自然数は，足し算が自由にできる数の集まりです. 二つの自然数をどのように選んでも，足し算のできない組が現れることはありません. 掛け算も同様です. 互いに自由に掛け合わせることができます.

割り算はどうでしょうか. これは, 少々 扱いが面倒ですが, それでも「余りのある場合」「割り切れる場合」と計算することができます.

ここで問題にしたいのは, 引き算です. 数を自然数に限定した引き算の場合,「引く数」は, 必ず「引かれる数」より小さくなければなりません. たとえば

$$100 - 50 = 50, \quad 50 - 45 = 5, \quad 5 - 3 = 2, \quad 3 - 2 = 1$$

などです. 最後の例のように,「引かれる数」は「引く数」より, 少なくとも「1」だけ大きい必要があります. これが"自然数だけからなる世界"における引き算の限界です.

ところが, 0 と自然数をまとめて一つの"新しい数の集まり"と見る場合には, 自分自身との引き算もできるようになりましたね.

$$1 - 1 = 0,$$
$$2 - 2 = 0,$$
$$3 - 3 = 0,$$
$$4 - 4 = 0,$$
$$5 - 5 = 0,$$
$$\vdots$$

　仲間に 0 を加えることによって，計算の幅が拡がり，制限が少々ゆるくなりました．しかし，これではまだまだ不満です．

　足し算の場合のように，「自由に数を選んで引き算をしてみたい」と思いませんか．そのためには，数そのものを，さらに拡げる必要があります．「引かれる数」よりも「引く数」の方が大きい場合においても計算ができる，さらに強力な数の集まりを定めたいのです．

「負の数」を作ろう

　「0 は 1 よりも 1 だけ小さく」，「1 は 0 よりも 1 だけ大きい数」ですね．そこで，「0 よりもさらに 1 だけ小さい数」を考え，これを「−1」と表し，「マイナス 1」と読むことにします．

　ここで「−」は引き算記号とまったく同じものですが，この場合は，計算方法を表すためではなく，"0 より小さい数であること"を示す記号として用います——したがって，「引く 1」とは読みません．

　「マイナス 1」は，「0 より 1 小さい数」である，と定めましたから

$$(0) - (1) = -1$$

244

が成り立ちます．左辺は，0から1を引き算する意味ですが，右辺は
その結果が「マイナス1」という新しい数になったことを示しています
す．表記の意味を強調するために，数を括弧の中に入れました．

　以後，0よりも小さい数は，**「負の数」**と総称されます——これまで
扱ってきた数は，その対比として**「正の数」**と呼ばれます．

　それでは，「マイナス1」よりも，「さらに1だけ小さい数」は，ど
うなるでしょうか．それは先の計算の真似をして

$$(-1)-(1)=-2$$

とすればよいでしょう．新しい数「マイナス2」の誕生です．

　以後まったく同じようにして，自然数の前に「－の記号」が付いた

$$(-1)-(1)=-2,$$
$$(-2)-(1)=-3,$$
$$(-3)-(1)=-4,$$
$$(-4)-(1)=-5,$$
$$(-5)-(1)=-6,$$
$$\vdots$$

という新しい数の集まりが出来上がります．

　こうして，まるで自然数を"0という名の鏡"に映したように，0の
反対側にも自然数と同じ間隔を持った負の数の列ができました．

$$\ldots,-5,\ -4,\ -3,\ -2,\ -1,\ 0$$

この列と自然数を一つにまとめた無限の数の集まり：

$$\ldots,-5,\ -4,\ -3,\ -2,\ -1,\ 0,\ 1,\ 2,\ 3,\ 4,\ 5,\ldots$$

を「**整数**」と呼びます．これより，自然数は「**正の整数**」とも呼ばれます——記号「−」の付いた数は「**負の整数**」といいます．

　整数は，自然数の計算を含み，さらに自由に引き算ができる，という特徴を持っています．たとえば「引かれる数」を「1」に固定して

$$1 - 0 = \quad 1,$$
$$1 - 1 = \quad 0,$$
$$1 - 2 = -1,$$
$$1 - 3 = -2,$$
$$1 - 4 = -3,$$
$$1 - 5 = -4,$$
$$\vdots$$

などの計算を味わってもらえば，その意味するところがよく分かるでしょう．以上，自然数と 0，および負の数を内部に含んだ，新しい数の集まりである「整数」をご紹介いたしました．

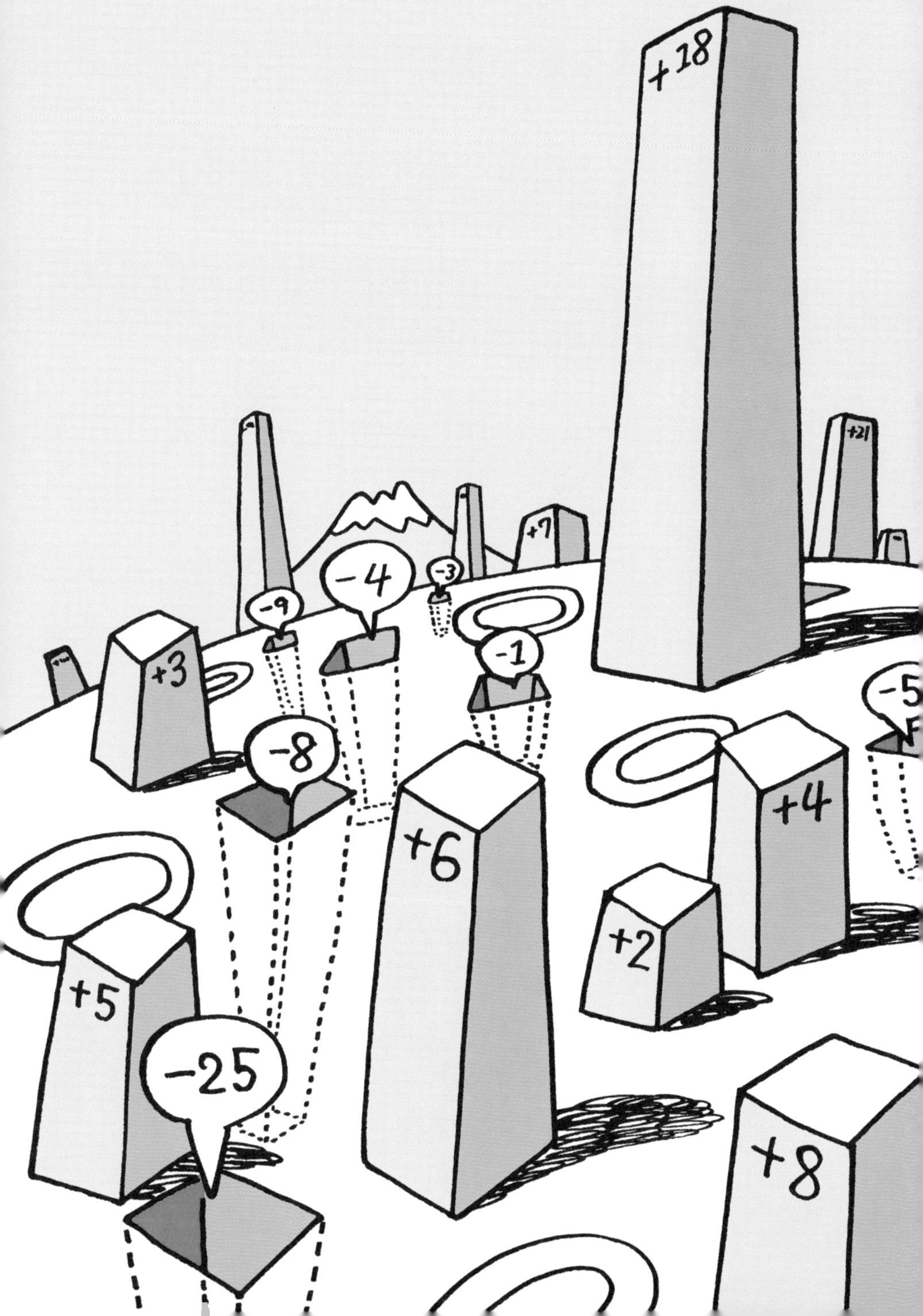
+18
+21
+7
-4
-3
-9
+3
-1
-5
-8
+4
+6
+2
+5
-25
+8

35 引き算を足し算に

　自然数を含んだ"新しい数の集まり"である「整数」をご紹介いたしました．それは，隣り合った数の間隔がすべて1であり，0を境にして「正の整数」と「負の整数」に分けられるものでした．

$$\dots, -5, \ -4, \ -3, \ -2, \ -1, \ 0, \ 1, \ 2, \ 3, \ 4, \ 5, \dots$$

　　　　　負の整数　　　　　　　　　正の整数（＝自然数）

　まるで，0が"数学的な鏡"のように見えませんか．実際「正の整数」と「負の整数」は，互いによく似た性質を持っているのです．

記号の意味

　ここで，少し記号の復習をしておきましょう．
　「負の整数」の数字の前に付いている記号「－」は，引き算の記号と形の上ではまったく同じものですが，この場合には，数に張り付いて，0より小さい数であることを表します．たとえば，「－1」「－2」などですが，これを「マイナス1」「マイナス2」と読みます．

　また, こうした意味を強調する場合には, 「正の整数」にも記号「＋」を付けることがあります. これも形の上では足し算の記号と同じものですが, 計算の意味を離れて, 数自身に属するものと見るわけです.

　たとえば, 「＋1」「＋2」などであり, 「プラス1」「プラス2」と読みます——ただし, 普通はこうした意味での「＋」記号は省略され, 表立って書かれることはありません.

　先に示しました "整数の製造過程" から考えて明らかなことですが, ここでもう一度振り返っておきましょう. それは, 今まさに述べた記号の問題にも関係しています.

　たとえば, 「－1」は, 「0より1だけ小さい数」でしたから

$$(-1) + 1 = 0$$

が成り立ちますね. また, 「1から1を引き算」した場合にも

$$1 - 1 = 0$$

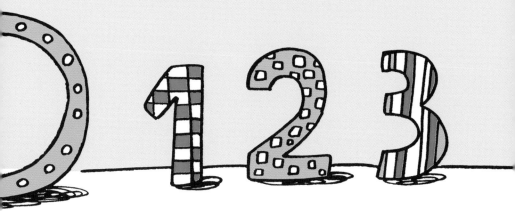

となって，結果は同じ0になりますが，記号の示す意味が異なります．
　同様の例ですが

$$(-1) + 2 = 1 \longleftrightarrow 2 - 1 = 1$$

はどうでしょうか．左側の式では，「負の整数 -1」に「正の整数（自然数）2」を加えた結果が，1になっているのに対して，右側の式のどこにも「負の整数」は現れていません．共に自然数である2から1を引き算しただけですね．

　ここで話を逆転させれば，**数字にその性質を示すプラスやマイナスといった「符号」を加えて考える**ことで，**私達は，すべての引き算を「足し算に書き直せる」**ということになります．

　すなわち，「2から1を引く」という代わりに，「2にマイナス1を加える」という言葉遣いができるわけです．たとえば，二千円持って買物に行き，千五百円使った場合でも，$2000 - 1500 = 500$ を

$$2000 + (-1500) = 500$$

と見て，「買物をしたら，マイナス千五百円増えたよ！」といった不思議な表現ができるようになります．

計算のルール

　さて，整数という新しい数の集まりを考えることで，できる計算の種類が増えました．自然数の場合，自由に数を選んでできる計算は，「足し算」と「掛け算」に限られていましたが，整数の場合には，それに「引き算」が加わりました．

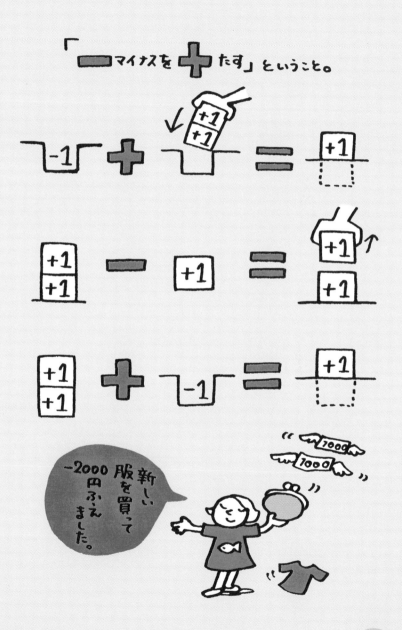

　すなわち，**整数は，「加・減・乗」が自由に計算できる数の集まりで**す．そして，計算した結果も必ず整数になりますので，どんどん計算を続けていくことができるわけです．

　詳しい説明は後の楽しみとして，ここでは，整数の具体的な計算，その結果を紹介しておきましょう．

　まず，正の整数同士の足し算は，必ず正の整数になります．

$$1 + 1 = 2, \quad 1 + 2 = 3, \quad 100 + 1000 = 1100$$

などです．負の整数と正の整数の足し算は，数値が具体的に決まらなければ，その正負も決まりません．たとえば，以下のようなものです．

$$-1 + 2 = 1, \quad -1 + 1 = 0, \quad -2 + 1 = -1.$$

　次に掛け算を考えます．もっとも簡単な数値の代表として，「＋1」と「－1」を用いますが，計算の構造を知るにはこれで十分です．符号を明記し，括弧も付けて表記しますと，結果は以下のようになります．

$$(+1) \times (+1) = +1, \quad (+1) \times (-1) = -1,$$
$$(-1) \times (+1) = -1, \quad (-1) \times (-1) = +1.$$

　「マイナスの数」掛ける「プラスの数」が「マイナス」になるのは，「マイナスの数の何倍」という意味に理解すればよいので，それほど抵抗はないでしょうが，最後の計算**「マイナス掛けるマイナス」が「プラス」に転じる**ことは，少し説明が必要でしょう．

　実際，この問題に悩んで，数学から遠ざかった人もいるぐらいですから，大切にしなければいけない疑問なのです．

36 数直線を描こう

　自然数を，0より小さい数にまで拡張した新しい数の集まり，「整数」について，これまでに，正・負の記号の持つ意味や，整数同士の計算ルールなどをご紹介してきました．

　新しい数を学ぶときに，一番はじめにすべきことは，"まず，その数に慣れる"ことです．具体的な数の計算を数多く行って，その数と友達になることです．友達になれれば，後はごく自然に裏に隠れた色々な問題に興味が湧いてきます．

　興味が湧けば大丈夫，どんな難しい考え方も必ず身に付きます――慣れたから興味が持てるのか，興味があるから慣れようとするのか，鶏が先かはたまた卵か，この問題は決着の付かない永遠の課題ですが．

　さて，計算を主とする数学の分野を**「代数学」**と呼び，図形の性質を調べる分野を**「幾何学」**ということは，皆さんも聞いたことがあるかもしれません．整数が大きさの順に一列に並べることができます．

$$\ldots, -5, \ -4, \ -3, \ -2, \ -1, \ 0, \ 1, \ 2, \ 3, \ 4, \ 5, \ldots$$

負の整数　　　　　　　　　　　正の整数（＝自然数）

　このように，整数全体の性質を表す場合には，幾何学的な表現を用いると，理解が容易になります――ここでは，自然数にも符号を付けて，数の正・負を強調します．それでは，幾何学で用いられる言葉を少しずつ学びながら，**"数の幾何学"** について調べていきましょう．

幾何学の言葉

　主に場所を示すために用い，その位置だけに意味があって，大きさや広がりはない，というものを幾何学では「**点**」と呼びます．

　二つの「点」を真っ直ぐな線で結んだものを「**線分**」といい，一点は決まっているが，反対側は無限に伸びているものを「**半直線**」と呼びます．そして，両側に限りなく伸びて，どちらにも端がないものを「**直線**」というのです．

　すなわち，数学で「直線」というときは，ただ真っ直ぐなだけではなく，"端" というものが存在しないことも条件となるのです．

　ただし，こうした "本物の定義" にしたがっていては，「半直線」や「直線」を図示することはまったく不可能です．そんな "大きなノート" は誰も持っていないからです．

　よって，私達は，ノートに描かれた「線分」を，無限に伸びていく「半直線」や「直線」と見る "想像力" を身に付ける必要があるのです．

数と図の架け橋

　このように，幾何学の言葉を知ると，数の性質を幾何的に表す準備が整います．すなわち，1からはじまり，限りなく続く自然数は，端として数「1」を持つ「半直線」で表せ，同じように，「負の整数」は端を「−1」とする「半直線」を利用して描けるわけです．

　そして，大きい方（プラス側）にも，小さい方（マイナス側）にも限りのない「整数」は，「直線」として理解できますね．その直線上の「一点」に0が存在することも分かるでしょう．

　そこで話を逆転させて，はじめに直線を描き，その上に「数1の間隔」で印を打っていけば，整数を表す便利な道具ができます．これは「**数直線**」と呼ばれる代数学と幾何学を結ぶ"虹の架け橋"です．

$$-5 \quad -4 \quad -3 \quad -2 \quad -1 \quad 0 \quad +1 \quad +2 \quad +3 \quad +4 \quad +5$$

　ところで，上のように数を図示できることは分かっても，整数はその直線上の各点に存在するだけで，他の位置にはありません．すなわち，この図は直線とはいうものの，それはまだ名前だけのもので，各数の間をつないでいる線分は，意味を持たないものなのです．

　本来，整数は間隔1で離ればなれに分布しているものですから，このことに忠実に描けば，数の位置する場所に点を打っただけの

という,あまり私達の想像力を刺激しない味気ないものになってしまいます. また, 近い将来, 皆さんは, 本当に直線で結ぶことに相応しい「数」に出会う予定になっていますので, 先を見込んで「直線」を用いて描いておくのです.

　次章では, このような図を用いて, 数の計算を"目に見える形"にして行う方法について調べていきます.

37 大きさを比べよう

　皆さん，「整数」や「数直線」の考え方には馴染めましたか．ここからは，これらの新しい考え方を基礎に，「自然数」に対して行ってきた基本的な計算方法について見直すことにします．

数の大小関係

　さて，前章でご紹介した数直線を，もう一度描いてみましょう．

$$-5 \quad -4 \quad -3 \quad -2 \quad -1 \quad 0 \quad +1 \quad +2 \quad +3 \quad +4 \quad +5$$

　この場合，数直線上を右に行くにしたがって，数の大きさは順に大きくなっていきます．もちろん，数直線は逆向きに描いてもかまいません．その場合には，左側の数がより大きな数になります．また，上下に描いても，斜めに描いてもかまいません，要するに約束次第です．
　ただ，どの場合にも共通しているのは，ある方向に進むにしたがって，数の大きさは，順に大きくなる（あるいは，小さくなる）一方で，決して途中で大小関係が入れ替わったりしない，ということです．

　第3章でご紹介しました，数の大小関係を示す「**不等号**」，すなわち，記号「＜」「＞」を用いて，このことを表してみましょう．
　わざわざ注意するまでもない"当たり前のこと"と思われるかもしれませんが，数直線上の数の大小関係は，不等号を用いて

$$\cdots -5 < -4 < -3 < -2 < -1 < 0 < 1 < 2 < 3 < 4 < 5 \cdots$$

と表されますね．

確かに，このように連続して書けば，間違う人は少ないのですが，この表現の一部を切り出した次の場合はどうでしょうか．

$$-4 < -3 < -2 < -1$$

もっと単純に，$-3 < -2$，あるいは，$-2 > -3$ は大丈夫でしょうか．文章にすれば，「マイナス3は，マイナス2より小さい」，あるいは「マイナス2は，マイナス3より大きい」となります．

さて，ここで誰かが悪戯をして，この文章から「マイナス」という言葉を消してしまった場合，後半をどのように変えれば，矛盾がなくなるでしょうか．落ち着いて考えてみましょう．

まず，「マイナス3は，マイナス2より小さい」の場合には，「3は，2より "大きい"」とすればいいでしょう．同じように，「マイナス2は，マイナス3より大きい」の場合には，「2は，3より "小さい"」となりますね．正の数と負の数では，ちょうど "大きい・小さい" の表現が反対になっている点に注意して下さい．

正の数，負の数，そして絶対値

こうした表現をはじめて聞いたときには，誰にでもとまどいがあって，なかなか意味が掴めません．騙されたような気持ちにもなります．たとえば，「マイナス5000と，マイナス5のどちらが大きいか」と聞かれて，何となく「5000」の方に気持ちが奪われてしまう人は，実は，その数の0からの "遠さ" にごまかされているのです．

どちらが大きいか、□の中に＜，＞を入れましょう。

① どちらの方が水がある？

ダムの水位 ー1m 　　　　　ダムの水位 ー10m

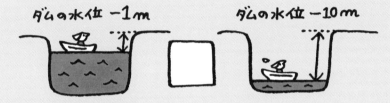

② どちらが あったかい？

アラスカ ー20℃ 　　　　　南極 ー45℃

③ どちらが まだ、お金持ち？

家のローン ー1000万円 　　　おこづかい不足 ー1000円

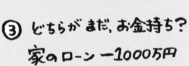

　数直線上における０の位置を「**原点**」と呼びますが，この原点から問題にしている数までの距離を考えるとき，その距離を「**絶対値**」という言葉で表現することがあります．すごい名前ですね．

　すなわち，プラス５も，マイナス５も，原点からの距離は，「基準となる０から１までの距離の５倍」ですから，ともに「絶対値５」となるわけです．この原点からの距離に目が眩んで，負の数の大小関係を間違う人が意外と多いのです．皆さんも注意して下さい．

　絶対値は，原点からの"離れ具合"を表すには，本当に便利な表現で，数学では色々な場面で有効に使われますので，今から慣れておいて下さい．数式としての絶対値は，「**絶対値記号**」と呼ばれる二本の縦棒「| |」で，数を挟んで表します．たとえば

$$|-5|=5, \quad |-5000|=5000, \quad |5|=5, \quad |5000|=5000$$

などと書くわけです――「マイナス５の絶対値は５」などと読みます．

　すなわち，プラス５も，マイナス５も，原点からの距離は同じ５であることが，絶対値記号を用いて表せたわけです．このことからも，負の整数と正の整数が，原点を挟んで，まるで鏡に映されたような同一の構造を持っていることが分かりますね．

　これらの表現を使った以下の関係：

$$-5000 < -5, \quad -5 < 5, \quad |-5|=5, \quad 5 < |-5000|$$

が成り立つことを，ゆっくり考えながら自分自身で確認して下さい．

　まとめましょう．数の大小関係は，数直線上に占めるその数の位置を確かめれば分かります——普通は右側に行くにしたがって大きくなるように，数直線を描きます．また，原点と呼ばれる０から，問題とする数までの距離のことを，絶対値と呼んで様々に利用します．絶対値記号である縦棒で挟まれた数は，必ず「正の数」になります——これは“距離”の意味からも明らかでしょう．

　ここでは，整数の大小関係，絶対値についてご説明いたしました．少々面倒に感じた皆さんもいるかもしれませんが，落ち着いて考えれば決して難しいものではありませんので，是非取り組んで下さい．

前の問題を今度は、 絶対値 くんでやってみよう。

① ダムの水位 −1m　　　　　ダムの水位 −10m

② アラスカ −25℃　　　　　南極 −45℃

じゃあ、どんどんお金を使えば、ふえるんですね。

借金がね。

38 矢印の数

　整数の「大小関係」「絶対値」について，もう一度おさらいをしておきましょう．絶対値とは，数の正・負には関係なく，数直線上の原点，すなわち，0からどの程度離れているのかを示す考え方でした．

　ここでは，これらの考え方を受けて，数直線に続く"整数の幾何学的な表現"をご紹介します．不思議な矢印の話です．

矢印：方向を持った数

　数の幾何学として数直線を考え，原点からの距離に絶対値という名前を付けて整数を表しますと，正の整数は原点の右側に，負の整数は原点の左側に位置する，という特徴がハッキリと見えてきます．

$$-5 \quad -4 \quad -3 \quad -2 \quad -1 \quad 0 \quad +1 \quad +2 \quad +3 \quad +4 \quad +5$$

　この特徴を図示する面白い方法があります．

　まず，はじめに，右側の数，特に「+1」を考えましょう．この数を表すのに，原点を始点とし，「+1」の位置を終点とする「矢印」を用いるのです．すなわち，長さ1の右向き矢印「➡」を描きます——これを「**単位長さの矢印**」と呼びます．この考え方をさらに拡げて，「+2」は長さ2を，「+3」には長さ3の矢印を対応させれば，それらは順に数直線上の整数の位置を示すことになります．

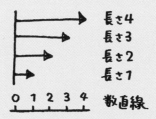

以上の話を原点の左側の数，すなわち，負の整数に対しても当てはめてみましょう．これは本当に簡単ですね．矢印を左向きにすればよいだけです．長さの考え方は，正の数の場合とまったく同様です．

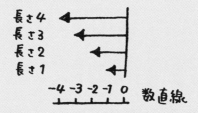

上の二図のように，具体的に描いて見ると，矢印の長さは，その数の絶対値を表していることが分かるでしょう．言葉でまとめますと

$+1$：右向き・長さ $|+1| = 1$, $\quad$ -1：左向き・長さ $|-1| = 1$,

$+2$：右向き・長さ $|+2| = 2$, $\quad$ -2：左向き・長さ $|-2| = 2$,

$+3$：右向き・長さ $|+3| = 3$, $\quad$ -3：左向き・長さ $|-3| = 3$,

$+4$：右向き・長さ $|+4| = 4$, $\quad$ -4：左向き・長さ $|-4| = 4$

となります．0 には，右向きでも左向きでもない「**長さ 0 の矢印**」という "不思議なもの" を割り当てますと，すべての整数が，矢印を用いて表されることになります．

272

このような矢印で表現される特徴を持った数学的対象は，ドイツ流に「**ベクトル**」と呼ばれています——英語読みでは"ベクター"です．すなわち，整数はベクトルとして表現することができるわけです．

ベクトルの計算法

さて，整数をベクトルで表すことができました．次は整数の計算が，ベクトルの世界でどのように扱われるかを調べていきましょう．

基本になるのは，整数「+1」を表す長さ1のベクトルです——これは「**単位ベクトル**」と呼ばれます．もっとも単純な計算：1−1＝0からはじめましょう．この計算を，矢印の世界で扱うためには，まず

$$（+1）+（−1）= 0$$

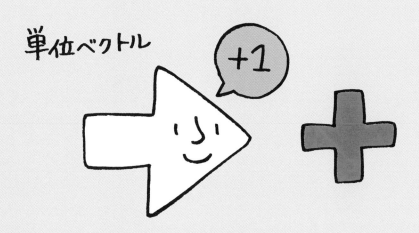

と見直します．これで，数の引き算を，長さ 1 の右向き「➡」と，同じく長さ 1 の左向き「⬅」の足し算と見ることができるわけです．これは数の計算において，結果が 0 になっていることに対応して，「長さ 0 の矢印」になります——これを「**ゼロ・ベクトル**」と呼びます．

　第 35 章でご説明しましたように，数に「プラス・マイナス」という符号を付け加えて考えれば，すべての引き算を，"足し算に置き換えること"ができます．

　また，第 9 章でご紹介しましたように，足し算は，二つの数を足す順番を変えてもかまいません．結果は同じものになります——これを「**交換法則**」と呼びました．たとえば，次のようなものです．

$$5 + 3 = 8, \quad 3 + 5 = 8.$$

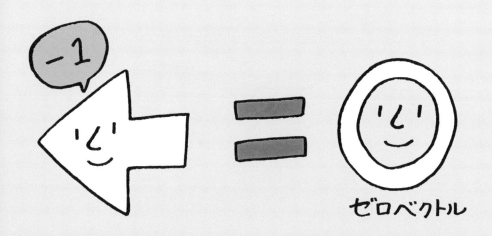

ゼロベクトル

ところが，引き算は，そううまくはいきません．

$$5 - 3 = 2, \quad 3 - 5 = -2$$

となり，交換法則は成り立たないのです．

しかし，今述べましたように，すべての数をその符号を含めた足し算と見直せば，再び交換法則が成り立ちます．たとえば

$$5 - 3 = (+5) + (-3) = (-3) + (+5) = 2$$

などです．こうした考えから，矢印の引き算は，反対向きの矢印の足し算になることが分かります．すなわち，この計算を矢印で描けば

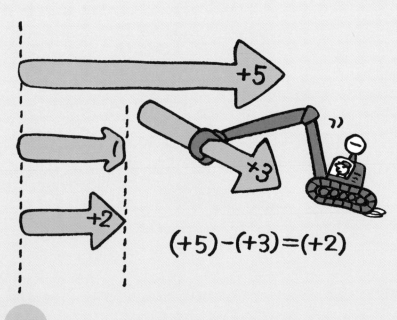

$$(+5)-(+3)=(+2)$$

$$\xrightarrow{\hspace{2cm}} \quad - \quad \xrightarrow{\hspace{1cm}} \quad = \quad \xrightarrow{\hspace{2cm}} \quad + \quad \xleftarrow{\hspace{1cm}} \quad = \quad \xrightarrow{\hspace{0.7cm}}$$
$$(+5) \quad - \quad (+3) \quad = \quad (+5) \quad + \quad (-3) \quad =(+2)$$

となり，長さ3の左右の矢印は互いに打ち消し合い，「長さ2の分だけの右向き矢印が残る」というわけです．

　整数の計算を，ベクトルと呼ばれる「矢印の計算に置き換える方法」についてご紹介しました．簡単な計算を複雑で面倒なものに変えただけ，と感じている皆さんもいるかもしれませんが，こうした考え方に慣れておくと，後に登場する，様々な計算方法や考え方が楽に身に付くようになりますよ．

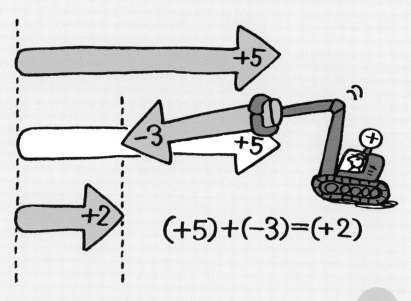

$$(+5)+(-3)=(+2)$$

39 ベクトルの反転

　整数を，ベクトルという名の"矢印"として見直すことによって，整数同士の足し算・引き算ができることを知りました．実際の計算では，**引き算は反対向きの矢印の足し算に置き換えて計算**しました．

　もう一度，図を描いておきますので，再度確認して下さい．

$$\overrightarrow{\qquad} - \overrightarrow{\quad} = \overrightarrow{\qquad} + \overleftarrow{\quad} = \overrightarrow{\qquad}$$

$$(+5) \quad - \quad (+3) \quad = \quad (+5) \quad + \quad (-3) \quad =(+2)$$

　すなわち，皆さんは，整数の加・減をベクトルを利用して求めたわけですが，実はここに，加減だけではない，秘密の計算が隠されていたのです．この問題を，順を追って考えていくことにしましょう．

反転の反転とは？

　ヒントは，上の文章にもあります「引き算は反対向きの矢印の……」という部分の，"反対向き"という言葉に対応する計算のことです．

　もったいぶらずに秘密を明かしますと，それは「掛け算」を意味しているのですが，さて，それはどんな掛け算なのでしょうか．

　数「+1」を右向きの長さ1のベクトル「➡」で表すこと，また同様に，数「−1」を左向きの長さ1のベクトル「⬅」で表すことは，すでに皆さんも十分理解できたと思います．

　それでは，この二本のベクトルの関係は，どのようなものでしょうか．まず，両者の絶対値は，$|+1|=|-1|=1$ より共に1であり，この結果はベクトルの長さが共に1であることに対応しています．

また，その和は

$$➡ + ⬅ = ⬅ + ➡ = ゼロ・ベクトル$$
$$(+1)+(-1)=(-1)+(+1)=\qquad 0$$

より"長さ0のベクトル"になるのでした．

　ところで，一般に，数の計算において，ある数に1を掛け算することは，"何もしないこと"と同じ結果になりました．これはベクトルの計算においても同様です．

　単位ベクトル「➡」を二倍すれば，同じ方向を向いた長さ2のベクトルを，三倍すれば，長さ3のベクトルを描くことになりますが，"一倍する"ということは，そのベクトルを"そのままに保つ"だけで，表面的な変化は何もありません．

$$2\times ➡ = ➡➡ \qquad 3\times ➡ = ➡➡➡$$
$$2\times(+1)= +2, \qquad 3\times(+1)= +3.$$

　そこで単位ベクトルである「➡」を「マイナス一倍」することを考えてみましょう．これは数としては，単純な計算で，$-1\times1=-1$となりますが，これをベクトルの計算に対応させて

$$1\times ➡ = ➡ \qquad -1\times ➡ = ⬅$$
$$1\times(+1)= +1, \qquad -1\times(+1)= -1$$

とするのです．

　右向きの単位ベクトル「➡」を，「マイナス一倍する」と，方向が反転して，左向きの長さ1のベクトル「⬅」になる，と考えるわけです．

　つまり，マイナス1の掛け算を，ベクトルの世界では，その方向を180度変えることだと考えるのです——これは，掛ける数と掛けられる数の正・負の関係を入れ替えた場合も同様です．

　それでは，マイナス1を二回続けて掛け算すれば，どうなるでしょうか．それは，ベクトルの方向を180度変えて，さらにそれを180度変えるわけですから，合計でその方向を"ちょうど360度変えること"になります．これは「反転」の，さらに「反転」で，結局何もしないのと同じことになります．
　これを先の場合と同様に表現すれば

$$-1 \times [-1 \times \ \blacktriangleright \ ] = -1 \times \ \blacktriangleleft \ = \ \blacktriangleright$$
$$-1 \times [-1 \times (+1)] = -1 \times (-1) = \ +1$$

×(−1)

となりますね. これは

$$[-1 \times (-1)] \times \;\longrightarrow\; = \;\longrightarrow\; = 1 \times \;\longrightarrow$$

とも表せますから, 数計算の部分を取り出して書けば

$$-1 \times (-1) = 1, \text{ すなわち, } (-1)^2 = 1$$

が成り立つ, ということになります. 面白いですね.

整数の乗算表を作る

さて, これまでに得た結果をまとめ, "符号だけに注目" して印象的に書き直しますと, 次の表のようになります.

```
① プラス  ×  プラス  ＝ プラス
② プラス  × マイナス ＝ マイナス
③ マイナス ×  プラス  ＝ マイナス
④ マイナス × マイナス ＝ プラス
```

　整数には，正の整数，負の整数の二種類があるわけですから，整数同士の掛け算を考えた場合，掛けられる数に正負の二種類，掛ける数にも同じく二種類で，その組合せは四種類あることになります.

　以上の結果から，整数におけるすべての掛け算の様子が分かりました. そこで，上の表をていねいに書き直しますと

$$
整数×整数
\begin{cases}
①：正の整数 × 正の整数 ＝ 正の整数 \\
②：正の整数 × 負の整数 ＝ 負の整数 \\
③：負の整数 × 正の整数 ＝ 負の整数 \\
④：負の整数 × 負の整数 ＝ 正の整数
\end{cases}
結果は整数
$$

となって，確かに結果が再び「整数」になっていることが分かります.

$$(+) \times (+) = (+)$$

$$(+) \times (-) = (-)$$

$$(-) \times (+) = (-)$$

$$(-) \times (-) = (+)$$

ヒラメ×ヒラメ＝カレイ…

　この結果は，非常にバランスのとれた美しいものです．
　数学の計算の仕組は，計算ルールの決め方一つで自由に変更できるものですが，もし，先の表の中で，④番の計算結果が「負の整数」になるとしたら，どうでしょうか．掛け合わせた結果が，正の整数になる場合が一通り（①番の場合），負の整数になるのが残る三つの場合，となって，表の中の正・負の符号のバランスが取れません．

　興味がある皆さんは，他の要素も色々と変えて独自の計算ルールを工夫してみて下さい．表の中の組合せが，如何に見事なものであるかが，より理解できると思います．

40 ベクトルと整数

　整数の計算を誤りなく行うために，整数を「数直線」と呼ばれる直線上に描き，幾何学的な感覚に訴える方法や，「ベクトル」と呼ばれる矢印を用いて，計算の持つ具体的な意味を考える方法を学びました．
　これらの計算方法を，まとめておきましょう．具体的な例を挙げて，どのように計算をすればよいか，を示していきます．

整数の計算とベクトル記法

　常に“自然数の生い立ち”に戻るのが，理解の早道です．自然数は，最小の自然数 1 に，順に 1 を加える作業から作ることができました．

$$1, \quad 1+1=2, \quad 2+1=3, \quad 3+1=4, \quad 4+1=5, \ldots$$

　この結果を受けて，順に定められた自然数は，単位である 1 を何個含むか，すなわち 1 の何倍であるか，という形でも理解できました．

$$1, \quad 1\times2=2, \quad 1\times3=3, \quad 1\times4=4, \quad 1\times5=5, \ldots$$

同じことを，ベクトルで表現すれば

となりますね.

　このような計算の自然な拡張として，負の整数を考えていくことができます. まったく同じようにしてみましょう. まず，0より1だけ小さい，「最大の負の整数 −1」を定め，それを順に加えていきます——右側に掛け算の形式もまとめて書いておきます.

$$-1,$$
$$-1 + (-1) = -2,$$
$$-2 + (-1) = -3,$$
$$-3 + (-1) = -4,$$
$$-4 + (-1) = -5,$$
$$\vdots$$

$$-1,$$
$$-1 \times 2 = -2,$$
$$-1 \times 3 = -3,$$
$$-1 \times 4 = -4,$$
$$-1 \times 5 = -5,$$
$$\vdots$$

ベクトル表現では，左向きの矢印を用いた

ですね．また，−1＋1＝0 は「ゼロ・ベクトル」と呼ばれる"長さ0
のベクトル"を用いて

$$-1 \;+\; 1 \;=0,$$

← ＋ ➡ ＝ ゼロ・ベクトル

と表現されました.
　これらの関係から，正の整数の引き算は，負の整数の足し算と見な
せることを知りました．また，対応する正・負の整数が，原点と呼ば
れる 0 から等距離に位置していることは，絶対値記号を用いて

$$|1| = |-1| = 1,$$
$$|2| = |-2| = 2,$$
$$|3| = |-3| = 3,$$
$$|4| = |-4| = 4,$$
$$|5| = |-5| = 5,$$
$$\vdots$$

と表されました．これは，それぞれ対応する“ベクトルの長さが等しい”ことを意味しました．また，負の数同士の掛け算は，“ベクトルの反転”として理解できました．

$$-1 \times 1 = -1, \quad -1 \times (-1) = 1,$$

$$-1 \times \ \text{➜} \ = \ \text{⬅} \qquad -1 \times \ \text{⬅} \ = \ \text{➜}$$

以上の結果を用いて，具体的な計算を行ってみましょう．

たとえば，1−4ならば

$$1 \ - \ 4 \ = 1 + (-1 \times 4) = \ -3$$

$$\text{➜} \ - \ \text{➜➜➜➜} = \text{➜} + \text{⬅⬅⬅⬅} = \text{⬅⬅⬅}$$

より，右向き矢印四本分の引き算を，左向き矢印四本分の足し算とみなし，一対の左右の矢印が打ち消し合うことで，残った左向き矢印三本が計算結果，すなわち，−3がその答となります．

続いて，1−(−3)はどうでしょうか．

「マイナスの数を引き算する」計算は意外と間違う人が多いものです．ここぞ，ベクトル計算が活躍する場面です．

$$1 \ - \ (-3) \ = \ 1 \ + [(-1) \times (-3)] = \ 4$$

$$\text{➜} \ - \ \text{⬅⬅⬅} = \text{➜} + \quad \text{➜➜➜} \quad = \text{➜➜➜➜}$$

ここでは，ベクトルの反転がさりげなく使われています．

負の数を含む計算は，その意味をよく掴むまでは，このように何度も何度も矢印を描いて，ベクトルの考え方に沿って，慎重にやる方がよいでしょう．練習は，ゆっくり，ていねいにが基本です．

矢印の手品ショー

$$
\rightarrow + \leftarrow \qquad (+1)+(-1)=0
$$
$$
\leftarrow + \rightarrow \qquad (-1)+(+1)=0
$$

消えた！

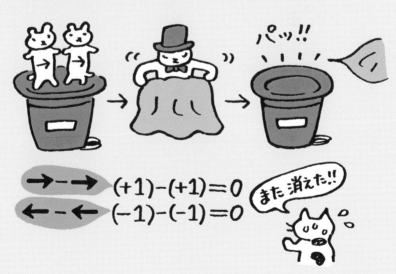

$$
\rightarrow - \rightarrow \qquad (+1)-(+1)=0
$$
$$
\leftarrow - \leftarrow \qquad (-1)-(-1)=0
$$

また消えた！！

ビット計算をしよう

さて，負の整数の計算を行う際に，鍵になる数として登場した「－1」ですが，特にその二乗，$(-1)^2 = 1$ が重要な意味を持ちました.

ここでは，この計算を続けてみましょう．(-1) を何回も何回も掛け算するのです.

$$(-1)^2 = (-1) \times (-1) = 1,$$
$$(-1)^3 = (-1) \times (-1)^2 = -1 \times (1) = -1,$$
$$(-1)^4 = (-1) \times (-1)^3 = -1 \times (-1) = 1,$$
$$(-1)^5 = (-1) \times (-1)^4 = -1 \times (1) = -1,$$
$$\vdots$$

後の計算は，もうやらなくても結果が予想できるのではないでしょうか．プラス1，マイナス1と繰り返していくだけですね.

この計算を利用すれば，面白い機械が作れます．それは，自然数を入力すると，それが「偶数」か「奇数」か，を判定する機械です.

そうです，(-1) の肩に入力される自然数が偶数であれば，この計算結果は「＋1」になり，奇数であれば「－1」となりますから，それに対応して，ランプを点けたり（○），消したり（●）すれば，自然数の「偶・奇判定装置」が出来上がるわけです.

肩の部分に色々な数字を入れて，ランプの具合を調べると

$$2 \Rightarrow 1 : ○ \qquad 7 \Rightarrow -1 : ● \qquad 23 \Rightarrow -1 : ●$$
$$1024 \Rightarrow 1 : ○ \qquad 1111 \Rightarrow -1 : ●$$

というようになりますね.

このように，1 と −1，あるいは，1 と 0 などのように，二つの数を一組として扱う場合，その一組を「1 ビット」と呼んでいます．これは二進数に関連した話題として，第 6 章でも触れましたね——ちなみに，ビットが八個集まった単位が「1 バイト」です．

さて，整数の計算が，間違いなくできるようになりましたか．ベクトルを描いてゆっくりやれば，誰にも確実にできるはずです．自分で問題を作って自分で解いてみて下さい．

41 鏡の中の無限

自然数と無限の関係については，すでにご紹介しましたね．それでは，自然数を「正の整数」という形で取り込んだ**「整数の無限」**とは，どのようなものでしょうか．果たして，皆さんは，自然数を超える新しい無限に出会えるのでしょうか，それとも……

自然数の無限「アレフ・ゼロ」の復習

まずは，自然数に関連した「無限」の復習をしておきましょう．自然数は，最小の自然数 1 に，次々に 1 を加える作業から得られました．

1, 1 + 1 = 2, 2 + 1 = 3, 3 + 1 = 4, 4 + 1 = 5, ...

したがって，自然数には，ここで"終わり"というものがありません——「次の 1」を足せなくなる理由がありません．よって，「自然数は無限に存在する」というわけです．

そして，この自然数との対応を考えることが，すなわち，「物の個数を数えること」でした．対応関係にも終わりがない（終わる理由がない）場合には，その対象も，やはり自然数と同じだけ存在することになるのでした．

この自然数の無限を，「アレフ・ゼロ」と呼んだわけです——これは，数の詰まり具合を象徴するので，**「数の濃度」**とも呼ばれます．**なお，「アレフ」とは，「英語の a」に対応するヘブライ文字** ℵ **で，それ以外の意味はまったくありません．**

以上のことから，自然数との対応が終わりなく続く対象の「無限」は，すべて「アレフ・ゼロ」と表現されるわけです．たとえば，自然数の構成要素である，偶数，奇数は共に，自然数で番号付けられます．

奇数：	1	3	5	7	9	11	13	15	17	19	21	23…
	↑	↑	↑	↑	↑	↑	↑	↑	↑	↑	↑	↑
自然数：	1	2	3	4	5	6	7	8	9	10	11	12…
	↓	↓	↓	↓	↓	↓	↓	↓	↓	↓	↓	↓
偶数：	2	4	6	8	10	12	14	16	18	20	22	24…

　こうして，奇数も偶数も，自然数と同じだけ存在する，「アレフ・ゼロ」の濃度を持つ数の集まりであることが示されました．

　奇数・偶数という自然数の二分割は，2で割り算した余りによる分割ですが，3で割り算して三分割しても，4で割り算して四分割しても，それぞれが，やはり「アレフ・ゼロ」の濃度を持つ，というのです．

　自然数の"部分"であるこれらの集まりが，その"全体"と同じだけ存在する，これこそが無限の持つ不思議，無限の持つ神秘なのです．

整数の無限

　さて，それでは「整数」の無限は，どのようなものでしょうか．
　整数は，正の数の方向にも，負の数の方向にも限りなく続いています．0を中心に，自然数を鏡に映したように，両側に拡がっているわけですから，単純に考えて，"自然数の二倍"はありそうな感じがしますが，はたしてどうでしょうか．
　ところで，整数は自然数とは異なり，1のような"数えはじめるのに便利な数"がありません．

　そこで，"両方向に無限"である整数を数えるために，次のような工夫をします．まず，数えはじめの数として「0」を選びます．そして，正負の数を交互に，「+1」「−1」「+2」「−2」「+3」「−3」……，と順に並べていきます——ここでは，数の正・負をハッキリさせるために，正の数にも記号「+」を明記しておきます．

$$0, +1, -1, +2, -2, +3, -3, +4, -4, +5, -5, +6, -6, \ldots$$

　この工夫で，整数が一列に，しかも，もれなく並べられることが分かるでしょう．これですべてが解決します．
　この並びに，左から順に，「最初の整数 0」「二番目の整数 +1」「三番目の整数 −1」「四番目の整数 +2」「五番目の整数 −2」……と名前を付けていけば，この番号付けには終わりがなく，しかも自然数と一対一に対応することが分かるでしょう．

整数 ：0　+1　−1　+2　−2　+3　−3　+4　−4　+5　−5　+6…
　　　　↑　↑　↑　↑　↑　↑　↑　↑　↑　↑　↑　↑
自然数：1　2　3　4　5　6　7　8　9　10　11　12…

　すなわち，「**整数の濃度**」も，自然数の濃度と同じ「**アレフ・ゼロ**」**であることが示されたわけです**．驚きましたか．

　ここでは，整数の無限に関する性質を調べました．
　正負の両側に限りなく存在する整数ですが，その詰まり具合は，自然数とまったく同じ，「アレフ・ゼロ」であることが分かったわけです．ここにも，無限の神秘が現れています．知れば識るほど不思議さが増してくる存在，それが「無限」です．

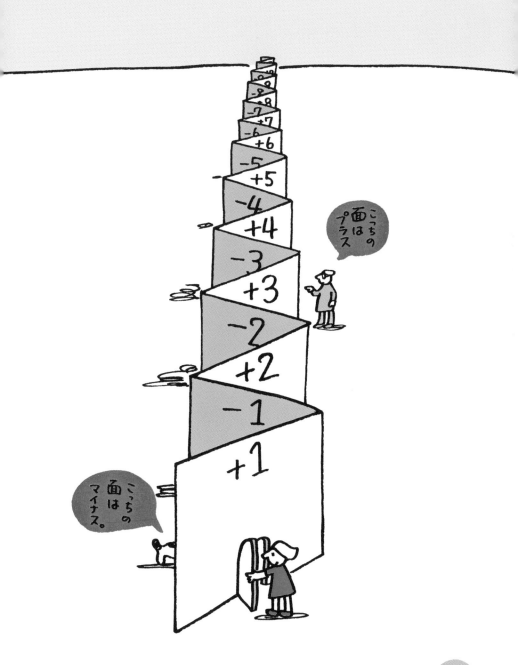

42 ベクトルをまわせ

　本章では，数学に留まらず，原子・分子の問題を扱う現代物理学の最前線で使われている "目に見えない数" "心で感じる数"，「虚数」の話題を採り上げます．扱う対象は大飛躍しますが，準備は充分できています．皆さんが想像力の翼を持っているか，それだけが問題です．

　さあ，はじめましょう，虚数への旅を！

「ベクトルの反転」の復習

　整数の掛け算，特に負の数同士の掛け算を，幾何学的な手法で理解するために，ベクトルを利用しました．復習しましょう．

　「＋1」を長さ1の矢印「➡」で表し，これを単位ベクトルと呼びました．そして，これに「−1」を掛け算することは，ベクトルの反転を意味し，右向きのベクトルは，左向きの「⬅」に変わるのでした．

$$-1 \times \text{➡} = \text{⬅}$$

　これは，矢印の方向が180度回転して反対向きに変わったわけですから，さらにもう一回「−1」を掛け算すれば

$$-1 \times [-1 \times \text{➡}] = -1 \times \text{⬅} = \text{➡}$$

となって，180度×2＝360度，の回転となり，結局，最初の矢印に対して何もしないのと同じことになるのでした．

　こうした計算から

$$(-1) \times (-1) = 1$$

という計算の意味が理解できたわけですが，ここでは，**この計算の "中間" を考えたい**のです．

ベクトルの反転の復習。

この計算は，面白い事実を教えてくれます．それは，今までもっとも“基本的な数”だと思ってきた自然数「1」に対する疑問です．ここでは“基本的”という言葉を，こんな風に考えます．

「1」を手元に充分に用意すれば，自然数の列：

$$1 = 1,$$
$$1 + 1 = 2,$$
$$2 + 1 = 3,$$
$$3 + 1 = 4,$$
$$\vdots$$

は作り出せますが，決して「−1」は作り出せません．ところが，「−1」を二つ用意すれば，$(-1)^2 = 1$，と簡単に「1」を作り出せるわけです．

ならば，ポケットに「−1」を作り出せない「1」を忍ばせておくよりも，いつでも「1」を作り出せる「−1」を入れておいた方が，「−1」も「1」も手にすることができて，はるかに便利だといえるでしょう．

このように，**ある数がある数から作り出せるとき，そしてその逆ができないとき，その基になる数を“より基本的な数”と考えるのです．**この意味で，数「−1」は，「1」よりも基本的な数だといえるわけです

心で感じる数「虚数」

数「−1」は，ベクトルを180度回転させる能力を持つ，より“基本的な数”であることが分かりました．

$$(-1)^1 = -1,$$
$$(-1)^2 = 1,$$
$$(-1)^3 = -1,$$
$$(-1)^4 = 1,$$
$$(-1)^5 = -1,$$
$$\vdots$$

すなわち，「1」は二つの「−1」からできている，と表現できるわけですが，それでは，「−1」は何からできているのでしょうか？

その数を二回掛け合わせると「−1」になる数は存在するのでしょうか．もし，そんな数が存在するならば，きっと，ベクトルを 180 度の半分である「90 度だけ回転させる」に違いありません．

あるのないのと騒いでいてもはじまりません. とにかく, それに記号「i」を与えて, 以後の話題の中心に据えましょう.

さて, iとは, どんな数でしょうか. これまでの議論から, それは, 自分自身を二回掛け算すると, 「−1」になる数だといえるでしょう.

$$i \times i = -1.$$

さらに, これは, 右向きのベクトルを, 反時計回り（左回）に 90度回転させる数です. すなわち

$$i \times \rightarrow = \uparrow$$

となるわけです. さらに, iの掛け算を続けますと

$$i^2 = -1, \quad i^3 = i \times (i^2) = -i, \quad i^4 = -(i \times i) = 1, \quad i^5 = i \times 1 = i, \dots$$

となりますから，「−1」が二回の掛け算で「1」になったのに対して，「i」は四回で「1」に戻ることが分かりました．

　結局，一個のiの掛け算が，90度の回転をひき起こし，それがちょうど四回で一周，360度の回転に対応しているわけです．

　ベクトルで表せば

ということになります．

　「＋1」よりも「−1」よりも，さらに「基本的な数i」は，日本語では「虚数」と呼ばれています．英語では「イマジナリー・ナンバー（imaginary number）」といいます──記号「i」は，その頭文字です．直訳すれば"想像数"となりましょうか．

　二乗して「−1」になる数など，私達の目に見える世界に対応物はありません．まったく数学的な想像上の数で，現実の世界とはなんのつながりもないものである，と長い間思われてきましたが，二十世紀初頭に原子・分子の世界を記述する物理理論である「**量子力学**」が登場してからは，そうもいえなくなりました．

　量子力学における基礎方程式は，なんとこの虚数なくしては書き表せないものだったのです．**原子を表現するには虚数が必要である，私達は原子で作られている，よって，私達自身を知るには虚数が不可欠だ，というわけです．虚数は，まさに基本的な数なのです．**これからの時代，数学も物理学もさらに発展するでしょう．そしてそのとき，皆さんは虚数を，もっともっと巧みに操っているに違いないのです．

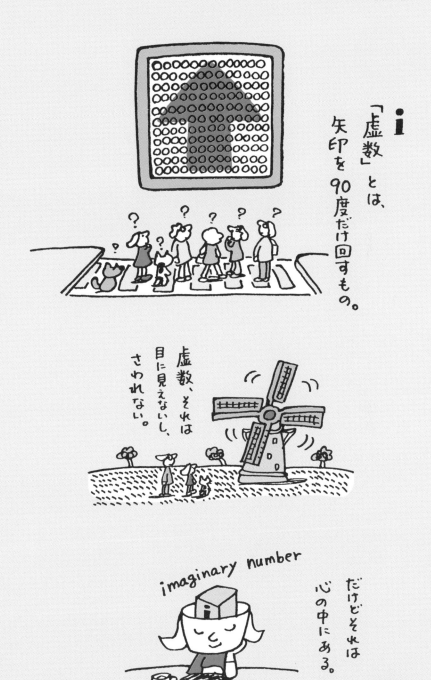

i

「虚数」とは、矢印を90度だけ回すもの。

虚数、それは目に見えないし、さわれない。

imaginary number

だけどそれは心の中にある。

43 ## 2001 年・数学の旅

　私達にとって，西暦における"世紀"という考え方は，あまり馴染みがなかったのですが，まさに"前世紀末"に，世紀末だとか，新世紀だとかいっている中に，次第に生活の中に入り込んできました．

　『2001 年・宇宙の旅』という有名な SF 映画があります．この 2001 年という数字に特別の根拠はありません．制作された前世紀半ばにおける"未来のイメージ"を適当に数字で表したに過ぎません．

　当時，子供だった人達は，宇宙旅行や人工知能と共存する社会を，その数字に託して夢見ていたのです．これも皆，数字の魔術といえるかもしれません．さて，皆さんの未来のイメージは，何年でしょうか．

　これから，大きな話，大きな数の出てくる話をします．質問をしますから，それに答えて下さい．さあ，はじめますよ．

シャトルの宇宙

　国際宇宙ステーションを含め，頭上には様々な衛星が飛んでおり，そのことを不思議に思うどころか，特別に意識する人すら減ってきましたね．近い将来，皆さんの中にも，宇宙へ飛び出して大活躍する人が出てくるでしょう．

　さて，ここで質問です．**国際宇宙ステーションの通常周回軌道は，地表からの高さ，すなわち，高度にしてどれくらいでしょうか？** 日本列島を縦にどれくらい積めば届くでしょうか．真上に昇って行ける高速道路があるとして，車でどれくらい時間が掛かるでしょうか．

　実は"ステーションの宇宙"は，ホンの直ぐそこ，上空300km です．東名高速道路でいえば東京から名古屋まで，車で行っても三時間ほどの旅です．意外な答でしょう．ますます宇宙が近くなりましたね．

　ステーションが約九十分で地球を一周することを知っている人も多いと思いますが，さて次の質問です．**地球一周の長さ，赤道の長さはどれくらいでしょうか？**——これは学校で習ったかもしれませんね．

　約40000kmです（でもこの話は，本当は逆さまなのです．元々「メートル」という長さの単位は，地球の周の長さの実測値に関連して決められたものなのです．現在のメートルの定義は，これとは異なりますが，実際の長さとしては，ほとんど同じです）．

　次は衛星放送に関する質問です．衛星放送は，電波をいったん上空の衛星に送り，そこから返された電波を，学校や各家庭で受信しているわけですが，さて，**この衛星の高度はどれくらいでしょうか？**

　これは赤道の長さの約九割，約36000kmです．高度は自由に選べるはずなのに，何故この値が選ばれたのでしょうか．それはこの高さにしておくと，衛星の運動が地球の自転と同じ二十四時間周期になり，地表から見ると常に上空の同じ位置にいるようになるからです．

　実は重力によって地球の周囲に閉じ込められている物体には，その高度と軌道周期にある関係があります．これは「**ケプラーの法則**」と呼ばれている宇宙でもっとも大切な法則の一つです．

　我々が利用している衛星は，赤道上，東経百十度の地点に，まるで止まっているかのように常に存在します――したがって，"静止衛星"というわけです．パラボラ・アンテナと呼ばれる衛星放送受信用の"お皿"はこの方向を向いているわけですね．

アポロの宇宙

　さて，最後の質問です．皆さんが生まれる，ずっとずっと前に我々人類は月探検に成功しています――なんと，最近ではこの"事実を知らない人"もいるようです．1960 年代のアメリカの「**アポロ計画**」がそれです．では月と地球の間はどれくらい離れているのでしょうか？

約 380000km が答です．ステーションの 300km と比べて下さい．

$$300km \longleftrightarrow 380000km$$

ビックリするくらい違いますね．お小遣 300 円貰っていた人が，お年玉に 38 万円貰ったような驚きです．

　光の速さは，一秒間で 300000km 向こうまで届くものですが，その光をもってしても，一秒以上掛かる距離です．そんなものすごい距離を，皆さんのおじいさんより，さらに上の年代の人達が旅をして，月面を歩き，石の標本を地球まで持ち帰って来たのです．

　もし，地球から月まで道路があれば，車でどれくらいの時間が掛かるか，計算してみて下さい．歩いて行けば，どれくらいでしょうか．

　天文学では，地球と太陽との距離を「一天文単位」と呼んでいますが，これは光で約 500 秒掛かる距離です．皆さんが見ている太陽は，実は 500 秒前の "昔の太陽" だったわけです．

　100m を 10 秒で駆け抜ければ，オリンピックも夢ではありません．それでは，二時間少しで 42.195km を走るマラソン・ランナーは，100m をどれくらいの速さで走っているのでしょうか．さて，彼らが太陽まで走って行けば，どれくらいの年数が掛かるのでしょうか．

　こうして身近な尺度を用いて，色々な計算をしてみて下さい．**数の大きさを掴むこと，これは数学を応用する上で，もっとも大切なことです．有限の大きさの数には，無限とは異なる難しさもあります．**それぞれに面白く，またそれぞれに大切です．

数学と物理の違い

　物理学では，数学を存分に使います．ガリレオは，「自然という書物は，数学という言葉で書かれている」といって，数学の重要性を強調していました．ガリレオがいう通り，物理学においては，数学は言葉，すなわち，その表現の一つの手段なのです．

　したがいまして，数学そのものを研究の対象とする数学者の姿勢と，数学を利用して自然現象を表現しようとする物理学者の姿勢は，まったく異なったものになります．

　数学では，その内部において矛盾が生じないものであれば，どんな飛躍も許されます．一方で，物理学は数学的にどれほど素晴らしい形式で書かれていようとも，実験により"確かに自然現象を表している"と確認されなければ，"物理学としての価値"はありません．

　このことは，扱う数値の"意味"にもハッキリと現れています．

　ここで御紹介いたしました，宇宙ステーションの高度や，地球の周の長さ，太陽までの距離などは，すべて何度も繰り返し行われた観測により得られた値，すなわち，実験値です．

　実験値は，新たな実験方法が開発されるたびに，どんどん精密になっていきます．これが最終的な"絶対に正確な値だ"として扱われるものではありません．末尾の数字は，時代と共に更新されます．

　一方，数学において，それは"定めた値"ですから，百桁でも千桁でも，すべての桁に意味があります．これを元に，異なる方法で計算を進め，その結果を持ち寄ったものが少しでも異なれば，それはその方法の何処かに間違いがあることを示します．数学における数値は，数学そのものの成否をも確認できる正確なものだ，ということです．

　こうした数値が持つ意味まで考えますと，自然現象を記述する数値は，扱う問題によって変わってくることが分かるでしょう．すなわち，その問題の必要に応じて，数値の精度を決めればいいわけです．
　現在では，GPS衛星によって，地上の色々な物，道路や建物，山や川などの位置が，素晴らしい精度で計られています．しかし，どんな対象に対しても，最高の精度の数値を使わなければならない，というわけではありません．必要な精度は，問題に応じて変わります．
　例えば，普通の家の位置なら，1センチ程度の狂いは問題にされないでしょう——これが1メートルにもなれば土地取引の大問題です．一方，カーナビの指示なら，仮に1メートルほどズレていても，それで曲がるべき交差点の位置を間違うドライバーはいないはずです．

　このように，数学と物理学は，非常に親しい関係，相互に助け合う関係にありながら，数値一つをとっても，その意味合いが異なる，まったく違った考え方をする部分があるのです．

物理学者の場合

数学者の場合

まぁ、3.14ぐらいかな。

その定数は3.141592……

44 昨日も今日も，帰納で行こう！

　皆さんが，独立した一人の人間として社会に出て活躍していくために，もっとも必要とされることは，筋道をたてて考える能力を持つことです．それを肌で感じ，学ぶために学校はあるのです．
　順序よく，一つひとつの考えがつながって，全体として確かな意味を持つように考えること，これを“論理的に考える”といいます．

論理的に考える
　論理的な考え方を身に付けるためには，国語の学習がもっとも重要です．私達は，言葉を用いて考え，考えたことは言葉で表現する以外に方法はないのですから，これは当然のことですね．
　しかし，自分で考えた結果が，「正しいか，誤っているか」を判断することは，さらに難しい問題です．
　そこで数学の学習が大きな意味を持ってくるのです．

　人間は，慎重に，ていねいに考えたつもりでも，どこかでミスをしてしまいます．社会や生活の一般的な問題では，問題自体が複雑過ぎて，自分の考え方が間違っていても，そのことがハッキリとは見えてきません．また，言い訳をしたり，別の理由を見付けては，自分自身をごまかしたりして，問題の本質から逃げてしまうこともあります．

　その点，数学では比較的容易に，自分自身の考え方の正否が確かめられます．たとえば，結果の分かっている計算を，二種類の異なる方法で計算してみましょう．それは，計算手法には関係なく，必ず同じ結果になるはずですね．もし，ならなければ，それは自分の考え方のどこかに誤りがあったことを意味します，他に理由はありません．

　数学は，自分に嘘をついて，ごまかしてしまう心さえなくせば，誰に頼ることもなく，自分の力だけで，正しい考え方を身に付けることができる，極めて希な学問なのです．

　したがって，数学を本当に学べば，論理的に考える能力が育まれ，さらに自分自身をいつわる弱い心とも無縁な，桃太郎もビックリの"正義と真実の人"になれるのです！

帰納と演繹

　さて，論理的にものを考えるには，大きく分けて「帰納的方法」と「演繹的方法」の二種類があります．

　それぞれの手法の特徴について，ご説明いたしましょう．

　まず，帰納的方法とは，バラバラに発見された"真理の断片"から，全体を統一する考え方を導き出していく手法です．

　たとえば，次の計算が正しいことは，皆さんもご承知の通りです．

$$1 + 2 = 2 + 1 = 3,$$
$$2 + 3 = 3 + 2 = 5,$$
$$3 + 4 = 4 + 3 = 7,$$
$$4 + 5 = 5 + 4 = 9.$$

　これらから，「すべての自然数の足し算は，順序を入れ替えても，その結果は変わらない」と"予想"できそうですね．

　このように，個別の具体的な例を基にして，全体を推し量っていく手法を，「帰納的に考える」というわけです．

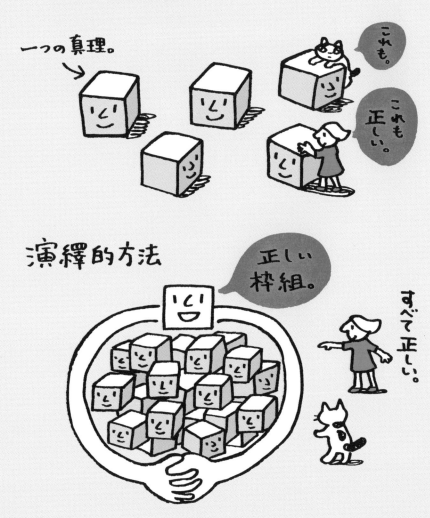

ただし，これだけでは"数学的な証明"にはなりません．

なぜなら，いくつ具体的な例を並べてみても，それが確かに全部を尽くしていない限り，"例外の恐怖"に悩まねばならないからです．

一方，計算の枠組が先にある場合はどうでしょうか．たとえば

$$（第一の自然数）＋（第二の自然数）＝（第二の自然数）＋（第一の自然数）$$

が成り立つと宣言された場合，この等式から，先の具体例を導くことは簡単ですね．このように，**基本的な原理から，具体例を導き出す手法を，「演繹的に考える」**といいます．

別の表現を用いますと，「特殊」から「一般」を導く方法が「帰納法」であり，その反対に，「一般」から「特殊」を導く方法が「演繹法」である，ということになります．当然，どちらも大切で，一方だけでは困ります．これら二つの考え方を往復することによって，はじめて深い結論に達することができるのです．

帰納で行こう！

しかし，**学ぶには"正しい順序"があります**——ここでは，その順序でなければ，無駄が多く，有意義な結果を導けないとき，それを"正しい"と表現します．

最近では，小型で高性能な計算機が安く入手できるようになったため，小学校から教科に採り入れられているところも珍しくなくなりました．ところが，いくら計算機が高性能になっても，「計算は計算機にまかせて，残った問題を考えよう」とはならないところに，数学の面白さがあり，難しさがあるのです．

　特殊な例を数多くこなし，帰納すべき事柄を多く身に付ける，こうした具体的な泥臭い体験こそ皆さんにとって，もっとも必要なものなのです．演繹的な考え方や証明はその後です．

　計算機は帰納的です．具体例の計算しかできません．すなわち，皆さんに絶対的に必要な泥臭い計算を代わってやってくれるわけです——ここが危険な落とし穴です．いくら科学が発達しても，「演繹的に考えて，問題を証明する計算機」は登場しないでしょう．

　したがって，数学の研究の本質的な部分では，それほど計算機は重要視されていません．この人間の"持ち場"で，最大限に自分の能力を発揮させるためには，その前に，自分自身で初等的な計算をしっかりと行って，数学的な感覚を磨いておくことが必要なのです．

　大学者のほとんどは，子供の頃から「特殊」の大好きな人達です．汲めども尽きない彼らのアイデアの泉は，特殊な数値，特殊な具体例に精通しているところにあるのです．

　溜息を吐きながら大空を眺めていても，それは決して"考えること"にはなりません．手を使って計算をし，それを確かめ，間違いにショックを受けて奮起してこそ，次の飛躍があるのです．演繹のための準備が整うのです．

45　ドミノを倒せ

　これまでに，自然数の無限，偶数・奇数の無限，素数の無限，そして整数の無限と，様々に広がる無限の世界を見てきました．

　さて，有限の世界の住人でしかない私達が，如何にして無限を"安全に扱える"ようになったのでしょうか．論理的な考え方の基本，特に「帰納法」によって，この問題を説明していきましょう．

ドミノ倒しの秘密

　皆さんは「ドミノ倒し」を見たことがあるでしょう．孔雀の羽のような模様を描いたり，階段を昇らせたり，ロケットを打ち上げたりと，何十万個ものドミノが，規則正しく順番に倒れていく様子は，本当に見事なものです．瞬間に消えていく芸術だといえるでしょう．

　しかし，失敗する場合も時々見掛けます．分岐点で次のドミノがうまく倒れなかったり，まったく空振りして流れが途絶えてしまうこともあります．さて，連続してうまくドミノが倒れていくためには，どのような条件が必要なのでしょうか．

　ドミノの数が少ない場合には，特別の工夫はいらないでしょう．具体的に並べて，実験してみればよいのです．「倒れた，倒れない」を繰り返し，ドミノの間隔を調整して，さあ本番，となります．

　ところが，何十万個ものドミノを，抜かりなく整列させるためには，専用の定木が必要になります．

　以後，話を簡単にするために，すべてのドミノが直線上に一列に並んだ"もっとも単純なドミノ倒し"の場合を考えましょう．

　まずは，定木を作るために，二個のドミノを取り出して，実験をはじめます．そして，次のドミノが確実に倒れることを確かめて，得られた間隔を元に，専用定木が出来上がります．

　この定木を当てて，次々に等しい間隔を定め，ドミノを並べていけば，間違いなくすべてのドミノが順に倒れていくでしょう．

　ここで大切な点は，二個のドミノの実験によって，次のドミノが倒れるためのドミノの間隔が求められていることと，それを基にして，すべてのドミノの間隔が等しく定められていることの二点です．

　この二点が満足されている限り，皆さんは，何十万個のドミノであっても，「最後の一個まで確実に倒れる」と自信を持って言えるでしょう．もし，そこにドミノが無限に並んでいたとしても……．

数学的帰納法

　帰納法とは，具体例，特殊例から，その全体を推し量る考え方でした．また，どれだけ多くの具体例を並べてみても，それだけでは「証明」にはならない点も注意しました．

　ただし，有限の世界で，すべての場合が具体的に示し得るときには，それは証明になります——あらゆる地図が四色で塗り分けられることを示した「**四色問題**」の証明の一部が，千通り以上の具体例を列挙したものとして有名です．

　しかし，相手が無限では，具体例に頼って証明に代えるわけにはいきません．そこで，「ドミノ倒し」の出番です．具体例を挙げて，しかも，その例自身が自動的に次の例を生み出すように工夫するのです．

　すなわち，**具体例の相互の関係が，坂を下る車輪のようにコロコロと転がっていき，どこかで留まる理由がない場合，それは無限を対象とした問題においても立派な証明になるのです．**

　たとえば，99 番目のドミノと 100 番目のドミノが，ある間隔で置かれていたとします．更に 100 番目と 101 番目を調べても同じ距離だけ離されていることが分かり，それらを設置するために用いられた定木の存在も確かめられた，としましょう．

　このことから，102 番目との間隔も，103 番目も，104，105 と番号を上げていっても，逆に 98，97，96 と下げていっても，隣り合うドミノ間の距離は等しいことが分かります．

　残る問題は，1 番目と 2 番目のドミノが，本当に倒れる距離にあるかどうかだけです．これが確認されれば，すべてのドミノは順に倒れていきます．もはやドミノの数は有限個である必要はありません——無限個のドミノが，見事に倒れていく様子を想像して下さい！

　このように，ある番号で条件が満たされ，その次の番号でも同じ条件が満たされるとき，問題全体の成立は具体的な一つの例を示すことに置き換えられます．すなわち，無限の問題を，繰り返される一個の問題に換えて，それを具体例をもって解決しようとするわけです．

　これが「**数学的帰納法**」と呼ばれる巧みな証明方法なのです．

　皆さんがこうした証明方法を実際に学び，活用するのは，上の学校へ行ってからでしょう．ですから，今はよく分からなくてもかまいません．ただ，将来，この方法を「本当に見事な証明だなあ」と感じるために，具体例を面倒臭がらずにノートに書いて，数の並びを楽しむ習慣を，今から身に付けておいてもらいたいのです．

　テレビ・ゲームを楽しむ場合でも，いきなり解説書を読むのではなく，実際にパッドをいじって少しゲームに慣れてから，解説書を読んだ方が理解は容易なはずです．

　数学も同じです．まずは数に親しみ，数多くの計算をこなして数に慣れる．色とりどりの具体例で遊ぶ気持ちは，皆さんぐらいの年齢からはじめるのが，ちょうどよいのです．

　"転がる証明法"——数学的帰納法——をご紹介いたしました．この考え方を理解するために一番大切なことは，頭の中にドミノを並べることです．すべてがうまく倒れるのか，途中で止まってしまうのか．人間の頭の中には，限りない場所が用意されています．いくつドミノを並べても大丈夫です．**たとえそれが無限個であっても……**

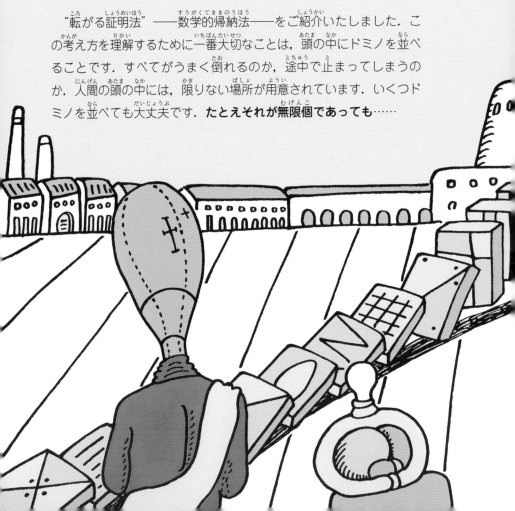

第三部で学ぶこと

　第三部では，二階建ての数，「分数」がその主役をつとめます．数の要素が二倍になれば，面白さも二倍になります．脇役は小数がつとめます．

　手順を暗記するのでも，証明を追い掛けるのでもなく，電卓による具体的な計算を通して分数の本質に迫っていきます．

　電卓を用いた計算の長所と短所を見極めて，数学の学習に活かしていけるように，その内部の処理方法を探っていきます．

　小数と分数の相互の変換ができて，はじめてその本質を理解することができます．様々な計算の法則も，具体的な数値に基づいて，一つひとつ納得しながら，進めていくように工夫しています．

　数の感覚を養い，基本的な法則に親しめば，数学学習最大の山場も，絶景の行楽地に早変わりします．疑問の氷河も溶けて流れるでしょう．

二階建ての数「分数」の世界

【第三部】

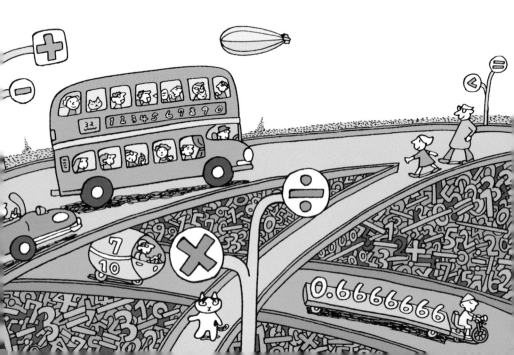

46 様々な「まとまり」を調べる

　さて，本書も第三部，第46章になりました．"はじめまして"という新鮮な気持ちを大切に，そう，いつまでも桜咲く四月，新年度，新学期のはじまりのような気持ちで，頑張っていきましょう．

数と助数詞

　さて，皆さんが学校で学ぶ多くの科目の中で，もっとも大切なものは，すでにご説明したとおり，言葉の学習，すなわち「国語」です．

　また，国語と数学は密接に関係しています．冒頭の文章の中でも，互いに助け合う両者の関係は明らかです．

> さて，本書も「第三部」，「第46章」になりました．"はじめまして"という新鮮な気持ちを大切に，そう，いつまでも桜咲く「四月」，「新年度」，「新学期」のはじまりのような気持ちで，頑張っていきましょう．

　この中には，「三」「46」「四」という三つの数字が含まれています．また，その後ろには，「部」「章」「月」が張り付いて，その意味を定めています──「新・年度」「新・学期」も同様です．

　もし，これら後ろに付く言葉が無かったとしたら，この文章はどうなるでしょうか．やってみましょうか．

> 本書も三，46になりました．…………，いつまでも桜咲く四，新，新のはじまりのような気持ちで，頑張っていきましょう．

　まったく文章にはなりませんね，まるでパズルです．

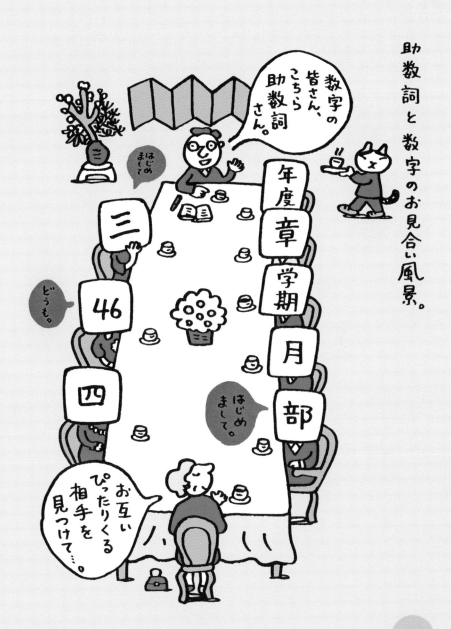

　それ自身，単独では用いられず，他の語の後ろに位置して，その内容を補足する語を「**接尾語**」といいますが，このように，ある"まとまり"を表す数の後ろに付いて，物の性質を示す要素は，特に「**助数詞**」と呼ばれています．先の例で明らかなように，助数詞の働きがなければ，確かな意味は通じません．

　日本語は，この助数詞が極めて豊富で，言葉にリズムと彩りを与えています．助数詞は，一つひとつその使い方を覚えていくしか仕方のないものですが，正確な使い分けができるかできないかで，その人の言葉の能力がはかられるほど重要なものです．

　「身長2キログラム，体重80メートル」が間違っているのと同様に，皆さんも，「車が三冊走っています」「二人の牛がいます」などの奇怪な文章を見れば，その大切さが実感できるでしょう．

助数詞の具体的な例

　それでは，様々な助数詞を，具体的に紹介しましょう．

　人を数える助数詞は「**人**」，あるいは「**名**」です——「合計十人」「卒業生千名」などと用います．年齢を数えるには「**歳**」，学年などには「**年**」です．「六年に進級した十二歳」などと使います——ただし，故人の年齢の場合には，「享年百」などとして，後に"歳"は付けません．七日で「一週間」，十二ヶ月で「一年」，書物は「一冊二冊」，牛や馬などの大きな動物は「一頭二頭」，小動物や虫などは「一匹二匹」，魚は「一尾二尾」，鳥やうさぎは「一羽二羽」と数えます．

　さあ，どんどん行きましょう．次の文章は，場面を想像しながら読んで下さい．ある新入生の日記です．

　「二階」建ての家が「八軒」並んだ左から「三軒」目，そこが僕の家です．家の前の「二車線」の道路には，「二機」の信号機と，十メートルの間隔で「四灯」の街路灯が据えられており，角の商店街の入口には「二棹」の旗が飾られています．

　道路には，自動車が「七台」停まっており，子供が「三輪」車にまたがって，その間を縫うように走っています．道の反対側にはテニスコートが「三面」と，公園の管理をする建物が「一棟」あり，その横を「八両」編成の電車が通っているのが見えます．

　前の日曜日，僕の家族は，朝昼晩の「三食」とも，「一階」の「六畳」の部屋に揃って，御飯を「二膳」，柿を「一個」ずつ食べました．おとうさんは，夕食のとき，さらにお酒を「一合」飲み，つまみにイカとタコを合わせて「二杯」，たらこを「一腹」，刺身を「五切れ」食べ，食後に御茶を「二服」飲みました．

　翌朝，おかあさんは，後片づけに，「九枚」の皿と「三客」の椀と「三膳」の箸を洗いながら，"コンビニに行って食パンを「一斤」，靴下「二足」，上・中・下に分かれた推理小説を，「三巻」とも買ってきてちょうだい"と言いました．ちょうどそのとき，テレビが"今朝は痛ましい交通死亡事故が「四件」ありました"と伝えていたので，おかあさんは"車には気をつけてね"と念を押しました．

　僕は数学の問題を「五問」解いた後，買物に出かけました——「二番」と三番の問題がとても難しかった．

　コンビニは商店街の入口，歩いてホンの「三十歩」ほどの距離にありますが，友達に出す手紙が「三通」あったので，買物は郵便局に寄ってからにしました——郵便局は道路の反対側にあるので，おかあさんは注意してくれたのでしょう．局長さんは，僕に，新年度の記念品だと言って文具セットを「二組」くれました．

　壁には "プレゼント新企画「第一弾」：「一等」ハワイ「五泊六日」の旅" と "あなたの「一票」がくらしを守る" というポスターが張ってあり，その横には "美味しいお米を産地から，「一粒」でも「一俵」でも" の宣伝文字が踊っていました.

　また，俳句が「十句」，和歌が「三首」書かれたポスターもあって，いずれも新入学を祝した内容だったので，自分自身の御祝いをされたように感じ，晴れやかな気持ちになりました. ——おしまい——

　どうでしたか，色々な助数詞があるでしょう. さらに，物理学で用いられる，「メートル」「キログラム」「秒」「アンペア」「ケルビン」「モル」「カンデラ」など，物理量の「単位」——これも助数詞の一種と考えられます——を理解すれば，一段と言葉に磨きが掛かります.

　ここでは，一つのまとまりを示すために，極めて重要な役割を果たす接尾語，「助数詞」について学びました. これで皆さんは，様々な「基準」，様々な「数1」の存在に気が付いたでしょう. このことが "新しい数" を考える上で大きな意味を持ってきます.

まだまだある、助数詞

三色のクレヨン

一棹の三味線

一台の
テレビと、
3チャンネルの
番組

二脚の椅子

一丁の豆腐

一幅の掛け軸

二門の大砲

三代目

341ページ目

47 二階建ての数「分数」登場

物の特徴とまとまりを表すために必要な接尾語，助数詞を学びました．一個，一枚，一本，一冊，一日，一人，数える対象は異なりますが，いずれも"あるまとまり"が「1」だけあることを表しています．

ところで，存在しなければ「0」，確かにそれが存在すれば「1」ですが，存在はするのだけれども，「1」に満たない場合も考えられます．

たとえば，「一日」はどうでしょうか．皆さんは，一日が，「午前」「午後」に分けられることも，「24 時間」であることも知っているでしょう．12 時間勉強していた場合，助数詞「日」を用いて表現するには，どのような工夫が必要でしょうか．

一日の半分とは？

あるものを"等しいもの二つに分ける"ことを「二等分する」，あるいは，もっと簡単に「半分にする」と言いますね．"二つに分ける"とは，対象を「2 で割ること」を意味します．先の場合ならば

$$24（時間）÷ 2 = 12（時間）$$

として，「24 時間の半分は 12 時間」であることを式で表せます．

そこで，この式を利用して，「一日の半分」を求めることにしましょう．方法は簡単，上で「24（時間）」と書かれた部分を「1（日）」と直せばよいのです．「一日の半分」のことを簡潔に「半日」と書きますと

$$1（日）÷ 2 = 半（日）$$

となります．確かに「半日」という時の流れは存在するので，「0」ではありません．また，「一日」よりも短いことも明らかでしょう．

「半分」って何？

半日　　　　半月　　　　半ズボン

半値の服　　　北半球　　　半歩

バスの乗車賃、子供は半額。

さらに，半日が二つ集まれば「一日」になることも，二倍すれば同様に「一日」になることも，当然でしょう．

以上の性質を式にまとめますと，「半日」という基準は

$$0 < 半日 < 一日，\quad 半日 + 半日 = 一日，\quad 半日 \times 2 = 一日$$

となります．以上の式に，先の結果「1（日）÷2＝半（日）」を当てはめ，助数詞「日」を取り除いて，以下の関係を得ます．

$$0 < (1 \div 2) < 1，\quad (1 \div 2) + (1 \div 2) = 1，\quad (1 \div 2) \times 2 = 1.$$

以後，これらの性質を持つ「1÷2」を，**新しい一つの数**と考えて

$$\frac{1}{2} \begin{array}{l} \leftarrow 割られる数 \\ \leftarrow 割る数 \end{array}$$

半日くん　　一日くん

という "二階建ての記号" を用いて表します．この記法により

$$0 < \frac{1}{2} < 1, \quad \frac{1}{2} + \frac{1}{2} = 1, \quad \frac{1}{2} \times 2 = 1$$

と，先の関係は書き換えられるわけです．

　これは，基準となるものを二つに分けるところから生じたものですから，二つに分けたものの中の一つ，すなわち，「二分の一」と読みます――英語では「one over two」です．これで「半日」の新しい表現手法が得られました，そう「二分の一日」です．

　また，割られる数と，割る数の割合のことを「比」と呼び，それを "何々「対」何々" と表現する場合もあります．この場合なら，一日を午前・午後に二等分すると，"午前（午後）と一日の比は「1 対 2」である"，という言い方ができるわけです．

割り算から分数へ

「二等分」ができれば，次は当然「三等分」の出番です．
三つに分けることを考えます——ここからの話は，一日の三等分で
ある「24（時間）÷ 3 ＝ 8（時間）」を頭の隅に置くと間違いません．

まずは

$$0<(1 \div 3)<1, \quad (1 \div 3)+(1 \div 3)+(1 \div 3)=1, \quad (1 \div 3) \times 3=1$$

より，新しい数「1÷3」が取り出されます．

これは「三つに分けたものの中の一つ」ですから「**三分の一**」と読み

$$\frac{1}{3} \quad \leftarrow \text{割られる数}$$
$$\phantom{\frac{1}{3}} \leftarrow \quad \text{割る数}$$

と表されます．よって

$$0 < \frac{1}{3} < 1, \quad \frac{1}{3}+\frac{1}{3}+\frac{1}{3}=1, \quad \frac{1}{3} \times 3 = 1$$

と書けますね．

一つのものを二つに分けた場合と，三つに分けた場合では，当然，
三つに分けた場合の方が，一つ当たりは小さくなるので

$$0 < \frac{1}{3} < \frac{1}{2} < 1$$

が成り立ちます——これは，「二分の一日（＝12 時間）」より，「三分の
一日（＝8 時間）」の方が短いことからも明らかでしょう．

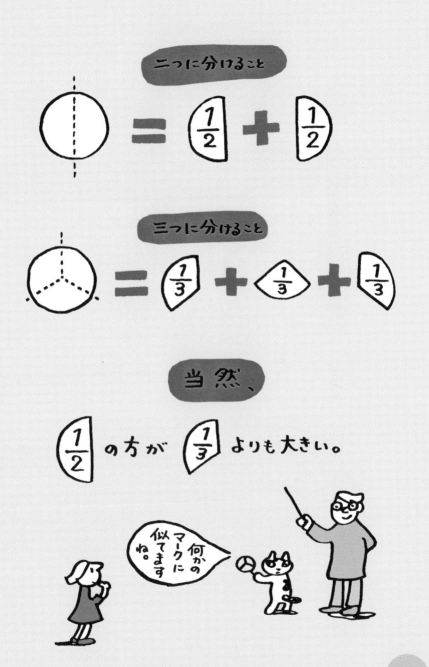

同様にして，四分の一，五分の一，六分の一が考えられ，不等式：

$$0 < \cdots < \frac{1}{6} < \frac{1}{5} < \frac{1}{4} < \frac{1}{3} < \frac{1}{2} < 1$$

を満たします——**割る数が大きくなるにしたがって，全体の大きさは小さくなっていくことに注目して下さい.**

このように，割られる数を二階に，割る数を一階に書いて表される"二階建ての数"を「**分数**」と呼びます——特に二階の"住人"を「**分子**」，一階の"住人"を「**分母**」といいます. すなわち

$$\text{分数} : \frac{\text{割られる数} \longleftrightarrow \text{分子}}{\text{割る数} \longleftrightarrow \text{分母}}$$

です. 式全体を読む場合には，元々の定義である割り算の名残から，これらを組合せて

「分子」割る「分母」，あるいは「分母」分の「分子」

と読みます. 新しい数「分数」とは，**割り算の化身**であり，二階建ての記号で書かれた，**二数の比で表される数**なのです.

さて皆さん. 御飯のお代わりが少し欲しいとき，どう言いますか.「お代わり，もう半分！」でしょうか.「御茶碗に 1/2」とは，あまり言いませんね.「半分」は，1/2 の日常語というわけです. 英語では「ハーフ（half）」といいます.

さらに英語には，1/4 を簡単に表現するために，「クォーター（quarter）」という言葉があります——アメリカン・フットボールの花形「クォーターバック」を思い出した人もいるかもしれません.

分子くん
——————
分母ちゃん
の関係。

1200万円

この車を分割払いにしたら？（利子は考えない）

①	2回払い	600万円
②	3回払い	400万円
④	4回払い	300万円
⑤	5回払い	240万円
⑥	6回払い	200万円
⑧	8回払い	150万円
⑩	10回払い	120万円
⑫	12回払い	100万円
⋮	⋮	⋮

が大きくなると、分数は
どんどん小さくなる。

おこづかい
1000円／月

じゃあ
一万二千回
払いにしたら、
僕にも
買える！

千年かかり
ますよ…

　英語圏の人々は，物の量を考える場合に，1/4 を一つの基準として重視しているようですが，日本語には 1/10 を基準にした「**分**」という便利な表現があり，「桜の花は**六分**咲き」「**七分**袖のブラウス」「食事は腹**八分**で」「建物は**九分**通り完成」等々，いくらでも細かい表現ができるので，1/4 に対する日常語は，特に必要がなかったのでしょう．

　分子に 1，分母に自然数を配した分数は，すべて「0 と 1」の間に存在します——先に示しました自然数の逆数を，分子が 1 であることから，特に「**単位分数**」と呼びます．

　どんなに大きな数を分母に持ってきても，それは決して「0」に等しくはなりません．よって皆さんは，ものすごく小さくて，しかも「0」ではない数を，自由自在に作り出すことができるのです——ここにもまた"無限の香り"がしてきましたね．

今まで扱って来た数の仲間，「自然数」「0」「整数」では，割り算を自由に行うことができませんでした——割り切れる数の組合せは，全体のホンの一部に過ぎません．

そこで，**割り算そのもので，新しく数を定義し，それを「分数」と呼ぼう**，というわけです．分数は皆さんがこれから学んでいく数学の中で，欠かすことのできない極めて重要な役割を持っています．

少しずつ，順番にその性質を調べていきましょう．

単位分数とは、0と1の間に拡がる無限…。

48 「1」から生まれる数

　自然数にはじまった数の拡張の旅は，今**「分数」**へとたどり着きました．数学で"拡張"という言葉が用いられる場合には，必ずその前の対象を含んでいます．それでは，分数のどこに「自然数」が隠されているのでしょうか．ここから話をはじめましょう．

秘術「1の変形」

　分数は，割られる数と割る数の関係を，"二階建ての記号"で表した数でした．また，二階に位置する数を「分子」，一階に位置する数を「分母」と呼ぶのでした．

　先に紹介しました分数の分子は，すべて「1」に統一されていましたね．一方，分母は「2」にはじまって順に「1」ずつ増えていきました．ここで，分母を「1」に揃えれば，どうなるでしょうか．すなわち

$$\frac{1}{1} \longleftrightarrow 分子 \atop 分母$$

を考えるわけです. この数が意味するところは, あるものを"一つに
分ける"ということですから, 実際は"分けないのと同じこと"で,
その結果は, 元のまま, すなわち, 数「1」になりますね.

　この考え方は, 分子が他の自然数になっても同じです. 分母が「1」
の場合, それは"分けないこと"を意味するのですから, その分数は
「分子」の数に一致するわけです.

$$\frac{1}{1} = 1, \quad \frac{2}{1} = 2, \quad \frac{3}{1} = 3, \quad \frac{4}{1} = 4, \quad \frac{5}{1} = 5,\ldots$$

　このようにして, 二階建ての表記の中に, 自然数 1,2,3,4,5,... が
含まれていることが分かりました.

1で割るということは、割らないのと同じことです。

　また，同じものを二つ集めて二つに分けても，三つ集めて三つに分けても，元々あった一つのものを選り分けたに等しいわけですから

$$\frac{1}{1} = 1, \quad \frac{2}{2} = 1, \quad \frac{3}{3} = 1, \quad \frac{4}{4} = 1, \quad \frac{5}{5} = 1, \ldots$$

が成り立ちますね．逆の見方をしますと，自然数 1 は

$$1 = \frac{1}{1} = \frac{2}{2} = \frac{3}{3} = \frac{4}{4} = \frac{5}{5} = \cdots$$

と様々に書き換えられるわけです——以後，"本書では"これを「1 の変形」と呼んで，大いに活用します．

「1」を楽しむ

　要するに，分子と分母が等しければ，その分数の値は 1 になるわけです．これは，分子，分母それぞれが，また一つの分数になっていても同じことです——分数の中身がまた分数になっている数の形式を，特に「**繁分数**」といいます．たとえば，次のようなものです．

$$1 = \frac{\frac{1}{1}}{1} = \frac{\frac{1}{2}}{\frac{1}{2}} = \frac{\frac{1}{3}}{\frac{1}{3}} = \frac{\frac{1}{4}}{\frac{1}{4}} = \frac{\frac{1}{5}}{\frac{1}{5}} = \cdots$$

　また，箱の中に箱が入っている"からくり箱"のように，何層にも重なった分数の形式を「**連分数**」と呼びます．そこに制約はありません——合わせ鏡に映る像のように，無限に重なった連分数もあります．

皆さんは，もう数が繰り返し並んでいる様子に，不思議さや面白さを感じる準備が整っているはずですね．少し遊んでみましょうか．

$$1 = \frac{1}{1} = \cfrac{\frac{1}{2}}{\frac{1}{2}} = \cfrac{\frac{1}{3}}{\cfrac{1}{3}\ \frac{1}{3}\ \frac{1}{3}} = \cfrac{\frac{1}{4}}{\cfrac{1}{4}\ \frac{1}{4}\ \frac{1}{4}\ \frac{1}{4}\ \frac{1}{4}\ \frac{1}{4}\ \frac{1}{4}} = \cdots$$

$$1 = \cfrac{\frac{1}{2}}{\frac{1}{2}} = \cfrac{\cfrac{1}{1+1}}{\cfrac{1}{1+1}} = \cfrac{\cfrac{1}{1+1}}{\cfrac{1}{1+1}} = \cfrac{\frac{1}{3}}{\frac{1}{3}} = \cfrac{\cfrac{1}{1+1+1}}{\cfrac{1}{1+1+1}} = \cfrac{\cfrac{1}{1+1+1}}{\cfrac{1}{1+1+1}} = \cdots$$

356

$$\frac{1}{2} = \frac{1}{1+1} = \cfrac{1}{1+\cfrac{\cfrac{2}{1}}{\cfrac{1}{2}}} = \cfrac{1}{1+\cfrac{\cfrac{1}{1+1}}{\cfrac{1}{1+1}}} = \cfrac{1}{1+\cfrac{\cfrac{1}{2}}{1+\cfrac{\cfrac{1}{2}}{1+\cfrac{\cfrac{1}{2}}{\cfrac{1}{2}}}}} = \cdots$$

　「1の変形」は，数学におけるもっとも重要な計算技術の一つです．何故ならば，「1」は如何なる数に掛け算しても，元の数を変えません．逆に見れば，すべての数に「1」が隠されているわけです．

　そこで，その隠れた「1」をあぶり出してやることにより，様々な計算ができるようになるのです．

　第7章でも述べましたように，学習が進むに連れて，割り算の記号「÷」の代わりに，記号「/」が使われます．たとえば

$$2 \div 3 \quad \rightarrow \quad 2/3$$

などと書くわけです．また，分数を文中など，上下の幅の狭い場所に書く場合にも

$$\frac{2}{3} \quad \rightarrow \quad 2/3$$

とするのです．

　このことからも，"分数とは割り算のこと" の意味がよく分かると思います——割り算の記号「÷」そのものも，分数の形 $\frac{\bullet}{\bullet}$ を連想させるものになっていますね．

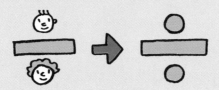

分数の形は、割り算の形。

49 「半分」を楽しもう

　さて，ここまでに，分子が分母より小さい場合，分子と分母が等しい場合，の二例に関してご紹介いたしました．それでは，分子が分母より大きい場合には，どうなるのでしょうか．2での割り算を中心に，分数の元々の意味にまで戻って考えていきましょう．

分子が偶数の場合

　はじめに，うまく割り切れる場合，「二分の四」を調べます．これは「4÷2」のことですから，その大きさは2となりますが，まずは4＝2×2であることを利用して

$$\frac{4}{2} = \frac{2 \times 2}{2}$$

と書いてみましょう．
　一方，2に2/2という「1」を前後から掛け算しますと

半分を楽しもう。

きょうだいがいると 半分ずつは「鉄則」となる。

妹　　兄

$$\frac{2}{2} \times 2 = 2 \times \frac{2}{2}$$

となります——「1 の変形」ですね.

　以上の二つの式は，共に 2 に等しいので，両者を等号で結んで

$$\frac{2 \times 2}{2} = \frac{2}{2} \times 2 = 2 \times \frac{2}{2}$$

という "分数の掛け算に関する関係" が得られます.

　この式は，分子の 2 が分数の中からひょっこりと下に降りたようにも見えるでしょう．この例は，「**分子の数を降ろして，それを分数の外から全体に掛けてもよい**」という一般的な法則が成り立つことを予想させます.

ところで，この分数の分子は，関係：2×2＝2+2 を用いて

$$\frac{2 \times 2}{2} = \frac{2+2}{2}$$

とも書けますね．また，数 2 は「1 の変形」の技法を用いて

$$2 = 1+1 = \frac{2}{2} + \frac{2}{2}$$

と表すこともできるので，両者を結んで

$$\frac{2+2}{2} = \frac{2}{2} + \frac{2}{2}$$

が導かれます．これは，**与えられた分数が，分母を共有する二つの分数に分割できること**を感じさせますね．

また，第 47 章の "半日の計算" において

$$半日 + 半日 = 一日 \quad \rightarrow \quad \frac{1}{2} + \frac{1}{2} = 1$$

であったことを思い出すと，上の議論と逆向きの計算：

$$\frac{1}{2} + \frac{1}{2} = \frac{1+1}{2} = \frac{2}{2} = 1$$

も納得できるでしょう．これは**同じ分母を持つ二つの分数の和が，分子の足し算によって決定される**ことを予想させます．これらは，"分数の足し算に関する関係" ですね．

分子が 2 の倍数——これを「**偶数**」と呼びました——の場合，すべて同じ要領で計算ができて，以下の関係が得られます．ここでは，掛け算を主にしたもの，足し算を主にしたもの，と格段ごとにまとめました．式の形を楽しんでください．

「偶数を半分にする」ということ

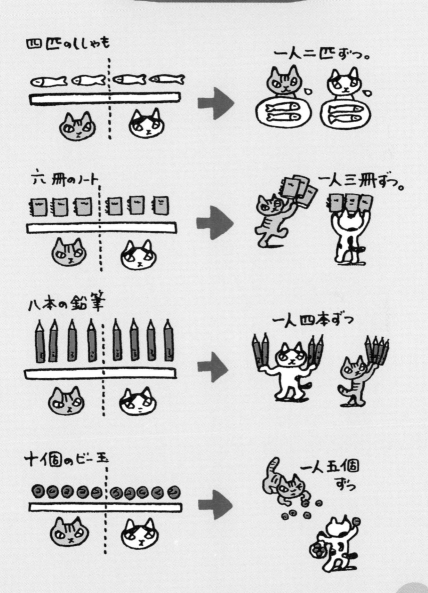

四匹のししゃも　　　　　　　　　一人二匹ずつ。

六冊のノート　　　　　　　　　　一人三冊ずつ。

八本の鉛筆　　　　　　　　　　　一人四本ずつ

十個のビー玉　　　　　　　　　　一人五個ずつ

$$\frac{4}{2} = \frac{2 \times 2}{2} = \frac{2}{2} \times 2 = 1 \times 2 \qquad (\text{掛け算の関係})$$

$$= \frac{2+2}{2} = \frac{2}{2} + \frac{2}{2} = 1+1 = 2 \quad (\text{足し算の関係}).$$

$$\frac{6}{2} = \frac{2 \times 3}{2} = \frac{2}{2} \times 3 = 1 \times 3$$

$$= \frac{2+2+2}{2} = \frac{2}{2} + \frac{2}{2} + \frac{2}{2} = 1+1+1 = 3.$$

$$\frac{8}{2} = \frac{2 \times 4}{2} = \frac{2}{2} \times 4 = 1 \times 4$$

$$= \frac{2+2+2+2}{2} = \frac{2}{2} + \frac{2}{2} + \frac{2}{2} + \frac{2}{2} = 1+1+1+1 = 4.$$

$$\frac{10}{2} = \frac{2 \times 5}{2} = \frac{2}{2} \times 5 = 1 \times 5$$

$$= \frac{2+2+2+2+2}{2} = \frac{2}{2} + \frac{2}{2} + \frac{2}{2} + \frac{2}{2} + \frac{2}{2}$$

$$= 1+1+1+1+1 = 5.$$

$$\vdots$$

こうした特別の例を，繰り返し計算していくことによって，一般的に成り立つ法則：「**分母が等しい二つの分数は，分子同士の足し算によって，一つにまとめられる**」ことが，実感できるようになります．

分子が奇数の場合

次に，分子を「奇数」に取った割り切れない場合を調べます．

もっとも簡単な「二分の三」からはじめましょう．これは，「3÷2」のことですね．そこで

同じ分母の足し算は、…

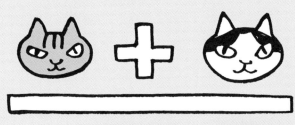

分子同士の足し算でひとつになる。

$$3 \div 2 = 1 \overset{\text{あま}}{\text{余り}} 1, \ \text{あるいは} \ 3 = 2 \times 1 + 1$$

という関係を利用します.

　3とは, "2が一つと余り1の和" であり, その "半分" を求めるわけですから, 商に余りの半分を加えた, 次の計算も納得できるでしょう――割り算の結果を「商」と呼んでいたことを思い出して下さい.

$$\frac{3}{2} = \frac{2 \times 1 + 1}{2} = \frac{2 \times 1}{2} + \frac{1}{2} = 1 + \frac{1}{2}.$$

すなわち, "1とその半分" ですね. また, 次のような変形も, これまでに得た結果から可能であることが分かるでしょう.

$$\frac{3}{2} = \frac{1 + 1 + 1}{2} = \frac{1}{2} + \frac{1}{2} + \frac{1}{2} = 3 \times \frac{1}{2}.$$

残る奇数の場合も同様です.

$$\frac{5}{2} = \frac{2 \times 2 + 1}{2} = \frac{2 \times 2}{2} + \frac{1}{2} = 2 + \frac{1}{2}$$

$$= \frac{1+1+1+1+1}{2} = \frac{1}{2} + \frac{1}{2} + \frac{1}{2} + \frac{1}{2} + \frac{1}{2} = 5 \times \frac{1}{2}.$$

$$\frac{7}{2} = \frac{2 \times 3 + 1}{2} = \frac{2 \times 3}{2} + \frac{1}{2} = 3 + \frac{1}{2}$$

$$= \frac{1+1+1+1+1+1+1}{2} = \frac{1}{2} + \cdots + \frac{1}{2} = 7 \times \frac{1}{2}.$$

$$\frac{9}{2} = \frac{2 \times 4 + 1}{2} = \frac{2 \times 4}{2} + \frac{1}{2} = 4 + \frac{1}{2}$$

$$= \frac{1+1+1+1+1+1+1+1+1}{2} = \frac{1}{2} + \cdots + \frac{1}{2} = 9 \times \frac{1}{2}.$$

$$\vdots$$

以上の結果をまとめて,「分母が2,分子が自然数」である分数の大小関係を明示しておきましょう.

$$0 < \frac{1}{2} < \frac{2}{2} < \frac{3}{2} < \frac{4}{2} < \frac{5}{2} < \frac{6}{2} < \frac{7}{2} < \frac{8}{2} < \frac{9}{2} < \frac{10}{2} < \cdots$$

さらに「1の変形」を用いて

$$0 < \frac{1}{2} < 1 < \frac{3}{2} < 2 < \frac{5}{2} < 3 < \frac{7}{2} < 4 < \frac{9}{2} < 5 < \cdots$$

となります.このようにして,「分母が2,分子が奇数」である分数——これを「**半奇数**」と呼ぶ場合があります——は,各自然数の間に位置する数であることが分かりました.

なお，分子が分母より小さい場合を「真分数」，その他を「仮分数」と呼んで，分数を二種類に区別する場合があります．たとえば

$$\frac{1}{2}：(真分数)，\qquad \frac{3}{2}：(仮分数)$$

などです．また，自然数と分数の単なる足し算を，わざわざ

$$1 + \frac{1}{2} \quad \rightarrow \quad 1\frac{1}{2}$$

などと省略して書いて，「帯分数」と呼ぶこともあります．

しかし，名称によるこうした細かい分類は，本質的な意味が無く，特に帯分数はその記法が，二数の積の場合と非常に紛らわしく，混乱の元となるだけなので，小学校以外ではまず使われません．益の乏しい記法だと思いますので，本書ではこれ以上は触れません．

50 交換法則をまもれ

　数の割り算から定義された数,「分数」を調べています. ここでは, 四則計算において成り立つ計算法則について復習していきましょう.

減法と反数

　まず, 加法(足し算)と乗法(掛け算)を考えます. これらの計算では, 数の順番を入れ替えても, 結果は変わりませんでした.

　たとえば, 二数を 2,3 としますと

$$2 + 3 = 3 + 2 = 5 : \textbf{加法},$$

$$2 \times 3 = 3 \times 2 = 6 : \textbf{乗法}$$

となります——以上の関係を「**交換法則**」と呼びました(第9章).

　ところが, 減法(引き算), 除法(割り算)では, このような数の交換はうまくいきません——以下の記述において, "等号を斜線で否定した"記号「≠」は, 両辺が等しくないことを示します.

$$2 - 3 = -1 \neq 3 - 2 = 1 : \textbf{減法},$$

$$2 \div 3 = \frac{2}{3} \neq 3 \div 2 = \frac{3}{2} : \textbf{除法}.$$

　このように,「加法・乗法」と「減法・除法」には, 計算技法において大きな違いがあります. 計算順序に制約があることは, 決して望ましいことではありません. そこで, この問題を順に解決していきます.

　まずは減法からはじめましょう.
　先の計算において, 負号までを数に含めて

$$2 - 3 = 2 + (-3) = (-3) + 2 = -1$$

と書き直すと，交換法則が成り立つようになります．皆さんは，こうした計算手法を，ベクトルを用いて学びました（第38-40章）．

　第二部では，「**ベクトルの反転**」という言葉で表していましたが，ここでは少し異なった表現を用いましょう．

　一般に，ある数に加えて 0 となる数を，その数の「**反数**」と呼びます．これは数相互の関係ですから，その逆も成り立ちます．たとえば

1 に対しては −1 が，　−1 に対しては 1 が，
2 に対しては −2 が，　−2 に対しては 2 が，
3 に対しては −3 が，　−3 に対しては 3 が

反数である，ということになります．

減法さん！僕がいれば大丈夫。

　反数を用いれば，減法を加法に書き換えられて，その結果，数の入れ換えが可能となります．

　減法「2−3」とは，数2に対して，3の反数（−3）を加えること

といえるわけです．こうして，減法は，広い意味での加法の中に吸収されたことになります．これで引き算も簡単になりましたね．

除法と逆数

　続いて除法です．明らかな計算をいくつか行って，そこから意味のある結果を導き出していきましょう．

　まず，同じ数同士で割り算すれば，商は1となります．たとえば

$$3 \div 3 = 1, \qquad \text{分数表記では} \quad \frac{3}{3} = 1.$$

また，ある数で割り算して，直ちに同じ数を掛け算すれば，元の数はそのままで，何の変化もないはずです．たとえば

$$(1 \div 3) \times 3 = 1, \qquad \text{分数表記では} \quad \frac{1}{3} \times 3 = 1$$

ですが，ここで，乗法の交換法則を利用して，項を入れ替えますと

$$3 \times (1 \div 3) = 1, \qquad \text{分数表記では} \quad 3 \times \frac{1}{3} = 1$$

となります．これらの結果は，元になる数をどのような自然数に選んでも変わりません．すなわち，以下の関係が得られます．

$$1 = 2 \times \frac{1}{2} = 3 \times \frac{1}{3} = 4 \times \frac{1}{4} = 5 \times \frac{1}{5} = 6 \times \frac{1}{6} = \cdots$$

このように，互いに掛け合わせると1になる数を「**逆数**」と呼びます．この場合も，反数と同様に，数の相互関係ですから

$$2 \text{に対しては} \frac{1}{2} \text{が，} \quad \frac{1}{2} \text{に対しては} 2 \text{が，}$$

$$3 \text{に対しては} \frac{1}{3} \text{が，} \quad \frac{1}{3} \text{に対しては} 3 \text{が，}$$

$$4 \text{に対しては} \frac{1}{4} \text{が，} \quad \frac{1}{4} \text{に対しては} 4 \text{が}$$

互いに逆数の関係にあるわけです．

さて，上で得られた三つの結果を

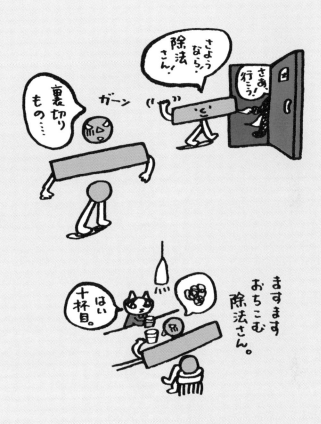

$$\frac{3}{3} = 1, \quad \frac{1}{3} \times 3 = 1, \quad 3 \times \frac{1}{3} = 1$$

と並べますと，分子の数は，分数の外へ降ろして掛け算しても構わないこと，言い換えますと，分数そのものにある数を掛け算することと，その数を分子だけに掛けることは，同じ意味を持つことが一段とハッキリしてきました．

また，これは分数にある数を掛けることも，ある数に分数を掛けることも結果は同じである，とも読み取れますね．

以上の結果を利用して分数5/7の逆数を求めてみましょう．これは

$$\frac{5}{7} = 5 \times \frac{1}{7}$$

と書き換えられますから，それぞれの逆数——5 に対しては1/5を，1/7に対しては7——を掛け算すれば，全体が 1 になるはずですね．

そこで，上式両辺に，二つの逆数を掛け算しますと

$$左辺 = \frac{5}{7} \times \left(\frac{1}{5} \times 7\right) = \frac{5}{7} \times \frac{7}{5},$$

$$右辺 = 5 \times \frac{1}{7} \times \left(\frac{1}{5} \times 7\right) = \left(5 \times \frac{1}{5}\right) \times \left(7 \times \frac{1}{7}\right) = 1$$

より，両式の最右辺を結んで，以下を得ます．

$$\frac{5}{7} \times \frac{7}{5} = 1.$$

したがって，与えられた分数5/7の逆数は7/5となります．

このように，分数の逆数は，形式的には"分子と分母を入れ換えた数"になるわけですが，皆さんは，こうした標語的な覚え方ではなく，多くの例を体験して，その意味を掴みながら，一歩一歩進むようにして下さい──結局，その方が近道であることが後でよく分かります。

次は，逆数を利用して，除法を改造していきます。

51 割り算を掛け算に

「反数」を用いれば，減法が加法として扱えることを学びました．また，互いに掛け算すると1になる数，「逆数」をご紹介いたしました．ここでは逆数を用いて，除法を乗法に変える方法について考えます．

乗・除の変換

まずは，当り前の計算から話をはじめます．

同じ数同士で割り算すれば，商は1になり，ある数で割り算した後，同じ数を掛け算すれば，元の数は何も変化しません．たとえば

$$3 \div 3 = 1, \quad (1 \div 3) \times 3 = 1, \quad 3 \times (1 \div 3) = 1$$

などです——最後の式は，乗法の交換法則により導かれます．

ここで，両端の式に注目しましょう，両式は共に1に等しいので，等号で結んで，お互いを比べますと，面白い関係に気が付きます．

$$3 \div 3 = 3 \times (1 \div 3).$$

さらに，右辺を分数表記にすれば，以下のようになります．

$$3 \div 3 = 3 \times \frac{1}{3}.$$

なんと驚いたことに，**左辺では3の割り算であったものが，右辺では，3の逆数である1/3の掛け算に化けているのです**．

以上の結果は，"当然予想されるように"，元になる数として，どのような自然数に選んでも変わりません．

この手法によって，除法を乗法に書き換えることができ，その結果，数の入れ換えが可能になるのです．たとえば

$$2 \div 3 = 2 \times \frac{1}{3} = \frac{1}{3} \times 2 = \frac{2}{3}$$

などです――これで割り算も恐くありませんね.

分数同士の乗法・除法

もう少し複雑なものを計算してみましょう.

2を3で割り，その結果をさらに5で割っても，あるいは，割る数を一つに，3×5＝15とまとめて一気に割り算をしても，導かれる答は変わりません．すなわち

$$(2 \div 3) \div 5 = 2 \div 15$$

が成り立ちます．ここで逆数を用いて，割り算を掛け算に直しますと

$$\left(2 \times \frac{1}{3}\right) \times \frac{1}{5} = 2 \times \frac{1}{15}$$

となります．よって

$$\frac{2}{3} \times \frac{1}{5} = \frac{2}{15}$$

が得られます．この結果は，二つの分数の積を求めるためには

$$\frac{2}{3} \times \frac{1}{5} \quad \Rightarrow \quad \frac{2 \times 1}{3 \times 5} = \frac{2}{15}$$

とする計算手法を認めているようにも見えます.

　皆さんは，自分自身で色々な数を選んで，こうした計算を繰り返してみて下さい．そうすることによって，**二つの分数の掛け算は，その分子同士，分母同士を掛け合わせればよい**，ということが実感をもって分かってくるはずです．

　実際，一般的な数に対して成り立つことを，図形を用いて，より印象的に書きますと

$$\frac{\bigcirc}{\square} \times \frac{\blacklozenge}{\blacktriangle} = \frac{\bigcirc \times \blacklozenge}{\square \times \blacktriangle}$$

となります．黒・白の各記号に，色々な数字を入れてみて下さい．

　また，分数同士の割り算の場合も，同じ要領で解決することができます．たとえば

$$\frac{2}{3} \div \frac{5}{7}$$

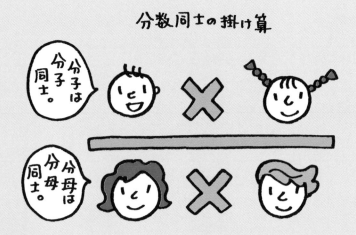

分数同士の掛け算

分子は分子同士。　✕　分母は分母同士。　✕

の場合ならば，割る数 5/7 の逆数——これは先に 7/5 と求められて
います——を掛ければよいわけですから

$$\frac{2}{3} \times \frac{7}{5} = \frac{2 \times 7}{3 \times 5} = \frac{14}{15}$$

となるわけです．

　割り算の場合の一般的な形は，逆数を求めるための作業である“分
子・分母の入れ換え”を含んだ

$$\frac{\bigcirc}{\square} \div \frac{\blacklozenge}{\blacktriangle} = \frac{\bigcirc \times \blacktriangle}{\square \times \blacklozenge}$$

というものになります．

　せっかくの図形表示ですから，分数の定義に戻って，もっと楽しみ
ましょう．何度も繰り返しますが，分数とは割り算のことでした．

分数同士の 割り算

そこで，これを"分数の分数"——繁分数——の形式で書きますと

$$\frac{\bigcirc}{\square} \div \frac{\blacklozenge}{\blacktriangle} = \frac{\dfrac{\bigcirc}{\square}}{\dfrac{\blacklozenge}{\blacktriangle}}.$$

この繁分数に，「□×▲/□×▲」という「1」を掛け算しますと

$$\frac{\square\times\blacktriangle}{\square\times\blacktriangle} \times \frac{\dfrac{\bigcirc}{\square}}{\dfrac{\blacklozenge}{\blacktriangle}} = \frac{(\square\times\blacktriangle)\dfrac{\bigcirc}{\square}}{(\square\times\blacktriangle)\dfrac{\blacklozenge}{\blacktriangle}} = \frac{\bigcirc\times\blacktriangle}{\square\times\blacklozenge}$$

となり，先に得た結果に一致します．この計算は，繁分数が分数同士の割り算から生じることを示しているわけです．

分数レストラン

52 「0乗」とは何だろう

　ここでは，次なる飛躍のために，新しい"数の表現方法"をご紹介いたします．これは数の表現を，より豊かに便利にし，分数の計算を見通しよく行うために欠かせないものです．

指数の計算

　同じ数を繰り返し掛け算するとき，それを二乗，三乗，四乗．．．．といい，たとえば，元になる数が2ならば，以下のように書きました．

$$2^2, \ 2^3, \ 2^4, \ldots$$

これらは，まとめて「累乗」と呼ばれています．

　累乗は，掛け算した数の個数を，その肩に乗せて表しており

$$2^2=2\times2, \quad 2^3=2\times2\times2, \quad 2^4=2\times2\times2\times2, \ldots$$

という意味を持つわけです——肩の数字を「指数」と呼びます．

　累乗の計算は，式の表している意味を考えながら行えば

$$
\begin{aligned}
2^3 \times 2^4 &=(2\times2\times2)\times(2\times2\times2\times2)\\
&=2\times2\times2\times2\times2\times2\times2\\
&=2^7
\end{aligned}
\left.\right\} \rightarrow 2^3 \times 2^4 = 2^{3+4} = 2^7
$$

となることが分かるでしょう．

　すなわち，**掛け算が"指数の足し算"**になったわけです．こうした便利な計算の枠組が出来上がると，その適用範囲はできる限り広く，大きく採りたくなります．そこで，ここまでの計算には登場しなかった，2の「一乗」について考えてみましょう．

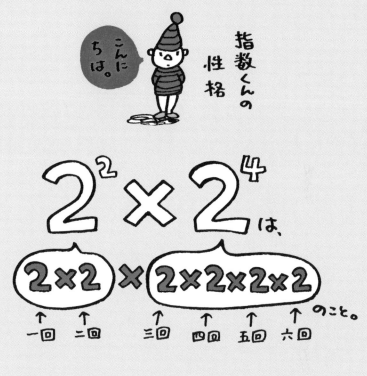

指数くんの性格

こんにちは。

$2^2 \times 2^4$ は、

$(2 \times 2) \times (2 \times 2 \times 2 \times 2)$ のこと。

↑ 一回　↑ 二回　↑ 三回　↑ 四回　↑ 五回　↑ 六回

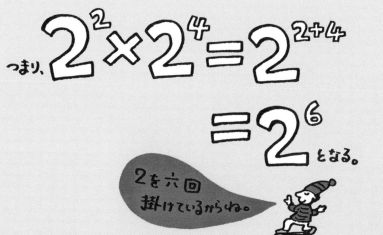

つまり、$2^2 \times 2^4 = 2^{2+4}$

$= 2^6$ となる。

2を六回掛けているからね。

これは、「2 そのもの」と考えるのは自然なことでしょう。つまり

$$2^1 = 2$$

ですね。「2 そのものを表すだけなら、こんな面倒な書き方は必要ない」と思う人も、わざとらしさを感じる人もいるかもしれません。

しかし、この表記を仲間に入れることで、「指数はすべての自然数（1,2,3,....）である」という表現が採れるようになります。もちろん

$$2 \times 2^3 \quad \rightarrow \quad 2^1 \times 2^3 = 2^{1+3} = 2^4$$

もできるようになります。この統一感は、もう捨てられません。

逆数と指数

次に、累乗で表現された数同士の割り算を考えてみましょう。

まず、簡単な例から考えます。32÷8＝4 ですが、これは分数の表し方を用いて、32/8＝4 と書くことができます。

さらに、数をすべて累乗の形式で書き直しますと

$$\frac{32}{8} = 4 \quad \rightarrow \quad \frac{2^5}{2^3} = 2^2$$

となりますね。ここで、上式の指数に注目しましょう。

ここでは、"五乗と三乗"から、"二乗"という答が導かれているわけです。これは、5−3＝2 と考えるのが自然でしょう。すなわち

$$\frac{2^5}{2^3} = 2^5 \times \frac{1}{2^3} = 2^5 \times 2^{-3} = 2^{5+(-3)} = 2^2$$

という計算がまったく矛盾無く"正解"を導いているわけです。

　このように，累乗の計算を，割り算においても活用できるようにするためには，逆数の関係を利用して「**負の指数**」を定義すればよいことが分かります．たとえば

$$2^{-1} = \frac{1}{2^1}, \quad 2^{-2} = \frac{1}{2^2}, \quad 2^{-3} = \frac{1}{2^3}, \quad 2^{-4} = \frac{1}{2^4}, \quad 2^{-5} = \frac{1}{2^5} \cdots$$

などです．この定義により，指数を含んだすべての計算が矛盾無く拡張され，使える範囲が広くなって非常に便利になります．

さて，ここで逆数とは，元の数を掛け合わせたときに，1になる数であったことを思い出して下さい．よって

$$2^1 \times \frac{1}{2^1} = 1, \quad 2^2 \times \frac{1}{2^2} = 1, \quad 2^3 \times \frac{1}{2^3} = 1, \quad 2^4 \times \frac{1}{2^4} = 1, \ldots$$

ですが，これは"負の指数"を用いて

$$2^1 \times 2^{-1} = 1, \quad 2^2 \times 2^{-2} = 1, \quad 2^3 \times 2^{-3} = 1, \quad 2^4 \times 2^{-4} = 1, \ldots$$

と書き換えられます．

もう，気が付かれたでしょう，以上の式は

$$2^1 \times 2^{-1} = 2^{1+(-1)} = 2^0 = 1,$$
$$2^2 \times 2^{-2} = 2^{2+(-2)} = 2^0 = 1,$$
$$2^3 \times 2^{-3} = 2^{3+(-3)} = 2^0 = 1,$$
$$2^4 \times 2^{-4} = 2^{4+(-4)} = 2^0 = 1,$$
$$\vdots$$

より，2の「0乗」は1であることを示しているのです．この計算は，選んだ数によりません．3^0, 4^0, 5^0, ... も，1^0も同じことです．

$$1^0 = 1, \quad 2^0 = 1, \quad 3^0 = 1, \quad 4^0 = 1, \quad 5^0 = 1, \ldots$$

となります．**すべての数の「0乗」は1になる**のです（ただし，0そのものは除きます）．あるいは，このように約束することによって，指数を含む計算が一番便利に利用できるのです——せっかく上手くいく計算が，多くの例外を含んでいたのでは面白くありません．

また，分数の逆数の関係，たとえば

$$\frac{5}{7} \times \frac{7}{5} = 1$$

も同様にして

$$\left(\frac{5}{7}\right)^{-1} = \frac{7}{5}$$

と考えることで，以下に示しますように矛盾無く行えます．

$$\left(\frac{5}{7}\right)^{1} \times \left(\frac{5}{7}\right)^{-1} = \left(\frac{5}{7}\right)^{1+(-1)} = \left(\frac{5}{7}\right)^{0} = 1.$$

ここまで行ってきた「1 の変形」も，こうした計算の立場からは，「ある数の指数を 0 にすること」，あるいは，「0 乗から何かを作り出すこと」とも考えられるわけです．たとえば，以下のような関係です．

$$\frac{2}{2} = 1 \iff 2^{1} \times 2^{-1} = 2^{0} = 1$$

これで指数は，0 を含んだすべての整数に拡張されました.

累乗という計算が，ある数を二回，三回と掛け合わせることである，という理解からはじまるのは当然ですが，そうした約束にいつまでもこだわっていると，「2 のマイナス二乗とは何のこと？」「3 を 0 回掛けるって，一体どうすればいいの？」といった，あまり意味のない疑問に振り回されてしまい，次の段階に進めなくなります．

皆さんは，こうした考え方を採らずに，実際に多くの計算をこなし，そう定義することが，如何に矛盾なく，計算を便利にし，数学そのものを豊かにしているか，といった所から判断するようにして下さい．

53 隠れた「1」を絞り出せ

　分数の計算には慣れましたか．分数は，これまでに学んできた「自然数」や「整数」と違って，二階建ての構造を持っているため，一つの数のように見えても，分子，分母という二つの数要素を考えなければ，全体の仕組や意味が分かりません．二つのように見えて一つ，一つのように見えて二つ，という面白い数なのです．

色々な形の数「1」

　さて，分数の世界では，色々な形の数「1」が存在しました．この特徴を逆に考えれば，まったく異なる分子・分母を持ちながら，本当は同じ大きさを持った分数がたくさんあることになります．
　次の分数をよく見て下さい．この分数の正体や如何に？

$$\frac{9!}{362880}$$

　分数の分子，分母に同じ数が隠れていれば，「1の変形」を用いて，その部分をまとめることができます．悩んでいてもはじまりません．分子を正直に計算してみましょう．階乗記号「！」は，その数までのすべての自然数の積を意味する記号でした．

$$9! = 1 \times 2 \times 3 \times 4 \times 5 \times 6 \times 7 \times 8 \times 9 = 362880.$$

　なんと，この分数は，単に表記法が異なるだけで，分子，分母共に同じ数だったのです．すなわち，この分数は1に等しいわけです．
　しかし，せっかく色々な表現が楽しめる分数ですから，当り前と思わずに，もっと式の変形をして遊んでみましょう．まずは，先頭部分から順に「1の変形」を行う，という方法で書いてみましょう．

$$\frac{9!}{362880} = \frac{1\times2\times3\times4\times5\times6\times7\times8\times9}{1\times2\times3\times4\times5\times6\times7\times8\times9}$$

$$= \frac{1}{1}\times\frac{2}{2}\times\frac{3}{3}\times\frac{4}{4}\times\frac{5}{5}\times\frac{6}{6}\times\frac{7}{7}\times\frac{8}{8}\times\frac{9}{9}$$

$$= 1\times1\times1\times1\times1\times1\times1\times1\times1$$

$$= 1.$$

項の数が多くて面倒でしたね．このような計算は"練習"としても簡単すぎて，まったく意味がないようにも思えますが，一度親しんでおくと，頭の中で数字がゾロゾロと動き出し，もっと複雑な計算もごく自然にできるようになるものです．

約分と素因数分解
　もう少し有意義な変形を探しましょう．

そうそう，自然数の積を扱うには，与えられた数を素数の積に分解する「**素因数分解**」が有効な方法でした．皆さんは "素数は数の原子である" という言葉を覚えていますか．それでは，分数の分子・分母を "原子" に分解してみましょう．まず，9! を素因数分解します．

$$1×2×3×4×5×6×7×8×9$$
$$=2×3×(2^2)×5×(2×3)×7×(2^3)×(3^2)$$
$$=2^7×3^4×5×7.$$

ずいぶん簡単になりましたね．その結果

$$\frac{9!}{362880}=\frac{2^7×3^4×5×7}{2^7×3^4×5×7}=\frac{2^7}{2^7}×\frac{3^4}{3^4}×\frac{5}{5}×\frac{7}{7}=1$$

となります．やはり分数の表記を見通しよく書き直すためには，素因数分解が非常に大切な意味を持っているようです．

次の例題はどうでしょうか.

$$\frac{362880}{720}.$$

直接割り算するのが一番早い方法ですが,ここでは素因数分解を利用します. 分子は,先の問題と同じ $9! = 2^7 \times 3^4 \times 5 \times 7$ ですね.

そこで,分母の素因数分解が問題となります. そして,その結果は

$$720 = 2^4 \times 3^2 \times 5.$$

よって,この分数は,以下のように書き直せます.

$$\frac{362880}{720} = \frac{2^7 \times 3^4 \times 5 \times 7}{2^4 \times 3^2 \times 5}.$$

ここで,数「1」を絞り出しましょう. 分子・分母に共通な素因数をペアにして,前へ出してしまうのです. 結果は次のようになります.

$$\begin{aligned}
\frac{2^7 \times 3^4 \times 5 \times 7}{2^4 \times 3^2 \times 5} &= \left(\frac{2^4}{2^4} \times \frac{3^2}{3^2} \times \frac{5}{5}\right) \times 2^3 \times 3^2 \times 7 \\
&= 2^3 \times 3^2 \times 7 \\
&= 504.
\end{aligned}$$

最後に,もう少し複雑な問題はどうでしょうか.

$$\frac{1188}{630}.$$

今度は,素因数分解から答まで一気に書いてしまいましょう.

$$\frac{1188}{630} = \frac{2^2 \times 3^3 \times 11}{2 \times 3^2 \times 5 \times 7} = \left(\frac{2}{2} \times \frac{3^2}{3^2}\right) \times \frac{2 \times 3 \times 11}{5 \times 7} = \frac{66}{35}.$$

このように，分数の分子，分母に共通な要素を探して，それを絞り出し，表記を簡単にすることを，「約分する」といいます．

約分には様々な段階があります．分数 1188/630 の分子，分母から共通の数字 2 を取り出して

$$\frac{1188}{630} \quad \rightarrow \quad \frac{594}{315}$$

とするのも約分です．さらに，3 を取り出して

$$\frac{594}{315} \quad \rightarrow \quad \frac{198}{105}$$

も分数 1188/630 を約分したものといえます．

これら二つの分数は，"まだ約分ができる"状態です．ところが

$$\frac{66}{35} = \frac{2 \times 3 \times 11}{5 \times 7}$$

の分子・分母には，共通の素数がありません．

この場合の 66，35 のように，それ自体は素数でなくとも，共通の素数を含まない二数の関係を「互いに素である」といいます．

また，互いに素な分子・分母を持つ分数は，もうそれ以上約分ができない状態になっていますので，"既に約分されてしまった"という意味から「既約分数」と呼ばれています．

皆さんが，テストなどでしばしば出会う，「次の分数を簡単にしなさい」という問題は，「既約分数を求めなさい」という意味なのです．

したがって，"簡単にする・既約分数を求める"ためには，分子・分母を互いに素なものになるまで，共通する数を括り出して処理しなければならない，ということなのです．

54 最大・公・約数

　与えられた分数を，もうこれ以上約分できない分数——既約分数——に直すためには，素因数分解が重要な役割を果たすことが分かりました．ここでは，"数の約数" という基本にまで戻って，既約分数の秘密をさらに探っていきます．

素因数分解と指数

　第15章で示しましたように，ある数を割り算して割り切れた場合，その割った数を元の数の「**約数**」と呼び，逆に約数から元の数を見た場合を「**倍数**」というのでした．

　前章の例題に戻って考えてみましょう．皆さんは

$$\frac{1188}{630} = \frac{66 \times 18}{35 \times 18} = \frac{66}{35}$$

となることを知っています. また, この分数が

$$\frac{66}{35} = \frac{2 \times 3 \times 11}{5 \times 7}$$

となり, 分子・分母が互いに素である——割り算するべき共通の数が存在しない——ために, これ以上約分ができない, すなわち, 既約分数であることも学んでいます.

さらに, 最初の式の 18 という数字も, 素因数分解によって生じた共通の部分 : $18 = 2 \times 3^2$ であることも知っています.

ここで, 分子・分母の共通の約数である 18 という数字に今一度注目します. 与えられた数 1188.630 における 18 の意味について考えるのです. やはり素因数分解から話ははじまります.

$$1188 = 2^2 \times 3^3 \times 11, \quad 630 = 2 \times 3^2 \times 5 \times 7$$

ですが，これらの持つすべての約数を，もれなく調べるにはどのようにすればよいのでしょうか．

　たとえば，1188 の場合ならば，素因数 2,3,11 を持っているため，それらが約数であることはただちに分かります．また，それらの積：

$$2 \times 3, \quad 3 \times 11, \quad 2 \times 3 \times 11, \ldots$$

も約数になります．しかし，こんなやり方をしていたのでは，数え違いをしそうで，不安になってしまいますね．

　そこで，先に紹介しました"0 を含んだ指数の表記方法"を利用しましょう．素因数はそのまま残して，指数の変化のみによって各約数を表すのです．たとえば

$$2 = 2^1 \cdot 3^0 \cdot 11^0, \quad 3 = 2^0 \cdot 3^1 \cdot 11^0, \quad 11 = 2^0 \cdot 3^0 \cdot 11^1,$$
$$2 \times 3 = 2^1 \cdot 3^1 \cdot 11^0, \quad 3 \times 11 = 2^0 \cdot 3^1 \cdot 11^1, \quad 2 \times 3 \times 11 = 2^1 \cdot 3^1 \cdot 11^1$$

とこんな具合です．ここで，中黒「・」は，積を表す簡略記号です（2・3 は，2×3 と同じ意味）——今後も，素因数を列挙する場合や，場所の狭いところでは，この二つの記号を自由に使い分けます．

もれなく数える方法

　物事をもれなく，重複なく数え上げることは大切ですが，非常に難しいことです．一般的な社会の問題などでも，起こり得る場合をすべて数え上げることが，大きな意味を持つことは言うまでもありません．

しかし，現実の問題は，個別の場合に分けることすら難しいのです．そこで，数学的な問題——単純な場合に分けられており，それを確実に数えられる保証がある——で，"数え方"の練習をしておくことが大変重要になるのです．

ここでは，約数の個数を正確に，もれなく数えるために，指数表記を用いて，無用な誤りを除くための工夫をしてみましょう．

指数を動かし，表を作って調べていきます．考えられるすべての場合を尽くすには，一つの指数を固定して，たとえば，まず2の指数を0と定め，3の指数，11の指数，と順に進めていくことが要点です．

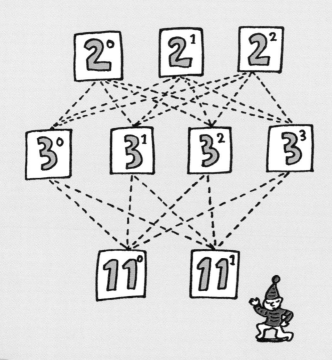

1188 の約数の表

$$2^0 \times \begin{cases} 3^0 \times \begin{cases} 11^0 = 2^0 \cdot 3^0 \cdot 11^0 = 1 \\ 11^1 = 2^0 \cdot 3^0 \cdot 11^1 = 11 \end{cases} \\ 3^1 \times \begin{cases} 11^0 = 2^0 \cdot 3^1 \cdot 11^0 = 3 \\ 11^1 = 2^0 \cdot 3^1 \cdot 11^1 = 33 \end{cases} \\ 3^2 \times \begin{cases} 11^0 = 2^0 \cdot 3^2 \cdot 11^0 = 9 \\ 11^1 = 2^0 \cdot 3^2 \cdot 11^1 = 99 \end{cases} \\ 3^3 \times \begin{cases} 11^0 = 2^0 \cdot 3^3 \cdot 11^0 = 27 \\ 11^1 = 2^0 \cdot 3^3 \cdot 11^1 = 297 \end{cases} \end{cases}$$

$$2^1 \times \begin{cases} 3^0 \times \begin{cases} 11^0 = 2^1 \cdot 3^0 \cdot 11^0 = 2 \\ 11^1 = 2^1 \cdot 3^0 \cdot 11^1 = 22 \end{cases} \\ 3^1 \times \begin{cases} 11^0 = 2^1 \cdot 3^1 \cdot 11^0 = 6 \\ 11^1 = 2^1 \cdot 3^1 \cdot 11^1 = 66 \end{cases} \\ 3^2 \times \begin{cases} 11^0 = 2^1 \cdot 3^2 \cdot 11^0 = 18 \\ 11^1 = 2^1 \cdot 3^2 \cdot 11^1 = 198 \end{cases} \\ 3^3 \times \begin{cases} 11^0 = 2^1 \cdot 3^3 \cdot 11^0 = 54 \\ 11^1 = 2^1 \cdot 3^3 \cdot 11^1 = 594 \end{cases} \end{cases}$$

$$2^2 \times \begin{cases} 3^0 \times \begin{cases} 11^0 = 2^2 \cdot 3^0 \cdot 11^0 = 4 \\ 11^1 = 2^2 \cdot 3^0 \cdot 11^1 = 44 \end{cases} \\ 3^1 \times \begin{cases} 11^0 = 2^2 \cdot 3^1 \cdot 11^0 = 12 \\ 11^1 = 2^2 \cdot 3^1 \cdot 11^1 = 132 \end{cases} \\ 3^2 \times \begin{cases} 11^0 = 2^2 \cdot 3^2 \cdot 11^0 = 36 \\ 11^1 = 2^2 \cdot 3^2 \cdot 11^1 = 396 \end{cases} \\ 3^3 \times \begin{cases} 11^0 = 2^2 \cdot 3^3 \cdot 11^0 = 108 \\ 11^1 = 2^2 \cdot 3^3 \cdot 11^1 = 1188 \end{cases} \end{cases}$$

630 の約数の表

$$2^0 \times \begin{cases} 3^0 \times \begin{cases} 5^0 \times \begin{cases} 7^0 = 2^0 \cdot 3^0 \cdot 5^0 \cdot 7^0 = 1 \\ 7^1 = 2^0 \cdot 3^0 \cdot 5^0 \cdot 7^1 = 7 \end{cases} \\ 5^1 \times \begin{cases} 7^0 = 2^0 \cdot 3^0 \cdot 5^1 \cdot 7^0 = 5 \\ 7^1 = 2^0 \cdot 3^0 \cdot 5^1 \cdot 7^1 = 35 \end{cases} \end{cases} \\ 3^1 \times \begin{cases} 5^0 \times \begin{cases} 7^0 = 2^0 \cdot 3^1 \cdot 5^0 \cdot 7^0 = 3 \\ 7^1 = 2^0 \cdot 3^1 \cdot 5^0 \cdot 7^1 = 21 \end{cases} \\ 5^1 \times \begin{cases} 7^0 = 2^0 \cdot 3^1 \cdot 5^1 \cdot 7^0 = 15 \\ 7^1 = 2^0 \cdot 3^1 \cdot 5^1 \cdot 7^1 = 105 \end{cases} \end{cases} \\ 3^2 \times \begin{cases} 5^0 \times \begin{cases} 7^0 = 2^0 \cdot 3^2 \cdot 5^0 \cdot 7^0 = 9 \\ 7^1 = 2^0 \cdot 3^2 \cdot 5^0 \cdot 7^1 = 63 \end{cases} \\ 5^1 \times \begin{cases} 7^0 = 2^0 \cdot 3^2 \cdot 5^1 \cdot 7^0 = 45 \\ 7^1 = 2^0 \cdot 3^2 \cdot 5^1 \cdot 7^1 = 315 \end{cases} \end{cases} \end{cases}$$

$$2^1 \times \begin{cases} 3^0 \times \begin{cases} 5^0 \times \begin{cases} 7^0 = 2^1 \cdot 3^0 \cdot 5^0 \cdot 7^0 = 2 \\ 7^1 = 2^1 \cdot 3^0 \cdot 5^0 \cdot 7^1 = 14 \end{cases} \\ 5^1 \times \begin{cases} 7^0 = 2^1 \cdot 3^0 \cdot 5^1 \cdot 7^0 = 10 \\ 7^1 = 2^1 \cdot 3^0 \cdot 5^1 \cdot 7^1 = 70 \end{cases} \end{cases} \\ 3^1 \times \begin{cases} 5^0 \times \begin{cases} 7^0 = 2^1 \cdot 3^1 \cdot 5^0 \cdot 7^0 = 6 \\ 7^1 = 2^1 \cdot 3^1 \cdot 5^0 \cdot 7^1 = 42 \end{cases} \\ 5^1 \times \begin{cases} 7^0 = 2^1 \cdot 3^1 \cdot 5^1 \cdot 7^0 = 30 \\ 7^1 = 2^1 \cdot 3^1 \cdot 5^1 \cdot 7^1 = 210 \end{cases} \end{cases} \\ 3^2 \times \begin{cases} 5^0 \times \begin{cases} 7^0 = 2^1 \cdot 3^2 \cdot 5^0 \cdot 7^0 = 18 \\ 7^1 = 2^1 \cdot 3^2 \cdot 5^0 \cdot 7^1 = 126 \end{cases} \\ 5^1 \times \begin{cases} 7^0 = 2^1 \cdot 3^2 \cdot 5^1 \cdot 7^0 = 90 \\ 7^1 = 2^1 \cdot 3^2 \cdot 5^1 \cdot 7^1 = 630 \end{cases} \end{cases} \end{cases}$$

405

　これで，分子・分母のすべての約数が求められました．ご紹介いたしましょう——それぞれ二十四個の約数がありました．

　1188：{**1**,**2**,**3**,4,**6**,**9**,11,12,**18**,22,27,33,36,44,54,66,99,108,
　　　　132,198,297,396,594,1188}，

　　630：{**1**,**2**,**3**,5,**6**,7,**9**,10,14,15,**18**,21,30,35,42,45,63,70,90,
　　　　105,126,210,315,630}

　この中で両者に共通する約数は，分子・分母を共に割り切る重要な数で，「**公約数**」と呼ばれています——上式の**太字**で示したものです．この場合の公約数は，次の六個です．

$$1,\quad 2,\quad 3,\quad 6,\quad 9,\quad \mathbf{18}.$$

　以上の結果から，18 が分子・分母を共に割り切る公約数の中でも最大のものであり，同時に，すべての公約数は，$18＝2・3^2$ の約数になっていることが分かります．これを「**最大公約数**」と呼びます．すなわち，最大公約数こそ，既約分数を作る鍵なのです．

　また，66/35 の分子・分母のそれぞれの約数は

$$66：\{\mathbf{1},2,3,11\}\qquad 35：\{\mathbf{1},5,7\}$$

であり，公約数は１しかなく，同時にこれが最大公約数となります．
　以上のことから，**既約分数とは，分子・分母の最大公約数が１であるような分数である**，という言い方ができるわけです．“二階建ての数”の上下階を，重複のないスリムなものにリフォームするために，最大公約数は“最大の活躍”をするのです．

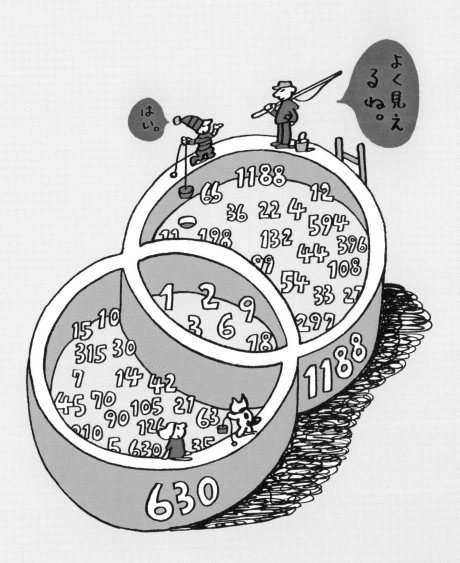

また，表記上の問題として，二数の最大公約数を

$$(1188, 630) = 18$$

のように表す方法があります．少々印象が薄く，混乱の元にもなる表記方法なのですが，数の性質そのものを専門的に研究する数学の分野——これは「**整数論**」，あるいは単に「**数論**」と呼ばれ，日本人数学者が大活躍している分野です——では，広く用いられています．

互いに素な二数の場合には，両者の公約数は１のみとなりますので，たとえば，次のような表記になります．

$$(66, 35) = 1.$$

公約数の中で
一番大きいもの....

55 約数：積と和の世界

　約数をもれなく，重複なく列挙するために，表を作成する方法を学びました．ここでは，同じ問題を計算を主とする立場から行います．

展開による約数の探索

　素因数分解された数の約数を求めるには，単に素因数の組合せを調べればよいのですが，それでも手順を決めて行わないと間違います．手は疲れますが，一番単純で間違いが少ない方法は，式の計算の基本的性質（第7章）を利用するものです．各素因数を指数の小さい順に並べ，これを分配法則にしたがって展開しましょう——前章で示しましたように，「指数0」を含めておくことを忘れないで下さい．

　たとえば，1188 の場合ならば，$1188 = 2^2 \cdot 3^3 \cdot 11$ でしたから

$$(2^0 + 2^1 + 2^2)(3^0 + 3^1 + 3^2 + 3^3)(11^0 + 11^1)$$

が展開するべき式となります．この手法は，最後まで具体的に数字を計算しないで，そのまま展開だけしていくのが要領です．

　また，それぞれの括弧の中の要素は，$2^0, 2^1, 2^2$ の三種類，$3^0, 3^1, 3^2, 3^3$ の四種類，$11^0, 11^1$ の二種類であり，その積を求めるわけですから，計算をする前に，約数の個数は，$3 \times 4 \times 2 = 24$ より，二十四個であることが分かります．

それでは一気に展開しましょう.

1188：$(2^0+2^1+2^2)(3^0+3^1+3^2+3^3)(11^0+11^1)$

$$
\begin{aligned}
=\ & 2^0 \cdot 3^0 \cdot 11^0 + 2^0 \cdot 3^0 \cdot 11^1 + 2^0 \cdot 3^1 \cdot 11^0 + 2^0 \cdot 3^1 \cdot 11^1 \\
& + 2^0 \cdot 3^2 \cdot 11^0 + 2^0 \cdot 3^2 \cdot 11^1 + 2^0 \cdot 3^3 \cdot 11^0 + 2^0 \cdot 3^3 \cdot 11^1 \\
& + 2^1 \cdot 3^0 \cdot 11^0 + 2^1 \cdot 3^0 \cdot 11^1 + 2^1 \cdot 3^1 \cdot 11^0 + 2^1 \cdot 3^1 \cdot 11^1 \\
& + 2^1 \cdot 3^2 \cdot 11^0 + 2^1 \cdot 3^2 \cdot 11^1 + 2^1 \cdot 3^3 \cdot 11^0 + 2^1 \cdot 3^3 \cdot 11^1 \\
& + 2^2 \cdot 3^0 \cdot 11^0 + 2^2 \cdot 3^0 \cdot 11^1 + 2^2 \cdot 3^1 \cdot 11^0 + 2^2 \cdot 3^1 \cdot 11^1 \\
& + 2^2 \cdot 3^2 \cdot 11^0 + 2^2 \cdot 3^2 \cdot 11^1 + 2^2 \cdot 3^3 \cdot 11^0 + 2^2 \cdot 3^3 \cdot 11^1 .
\end{aligned}
$$

続いて，$630 = 2 \cdot 3^2 \cdot 5 \cdot 7$ もまったく同様に展開します.

630：$(2^0+2^1)(3^0+3^1+3^2)(5^0+5^1)(7^0+7^1)$

$$
\begin{aligned}
=\ & 2^0 \cdot 3^0 \cdot 5^0 \cdot 7^0 + 2^0 \cdot 3^0 \cdot 5^0 \cdot 7^1 + 2^0 \cdot 3^0 \cdot 5^1 \cdot 7^0 + 2^0 \cdot 3^0 \cdot 5^1 \cdot 7^1 \\
& + 2^0 \cdot 3^1 \cdot 5^0 \cdot 7^0 + 2^0 \cdot 3^1 \cdot 5^0 \cdot 7^1 + 2^0 \cdot 3^1 \cdot 5^1 \cdot 7^0 + 2^0 \cdot 3^1 \cdot 5^1 \cdot 7^1 \\
& + 2^0 \cdot 3^2 \cdot 5^0 \cdot 7^0 + 2^0 \cdot 3^2 \cdot 5^0 \cdot 7^1 + 2^0 \cdot 3^2 \cdot 5^1 \cdot 7^0 + 2^0 \cdot 3^2 \cdot 5^1 \cdot 7^1 \\
& + 2^1 \cdot 3^0 \cdot 5^0 \cdot 7^0 + 2^1 \cdot 3^0 \cdot 5^0 \cdot 7^1 + 2^1 \cdot 3^0 \cdot 5^1 \cdot 7^0 + 2^1 \cdot 3^0 \cdot 5^1 \cdot 7^1 \\
& + 2^1 \cdot 3^1 \cdot 5^0 \cdot 7^0 + 2^1 \cdot 3^1 \cdot 5^0 \cdot 7^1 + 2^1 \cdot 3^1 \cdot 5^1 \cdot 7^0 + 2^1 \cdot 3^1 \cdot 5^1 \cdot 7^1 \\
& + 2^1 \cdot 3^2 \cdot 5^0 \cdot 7^0 + 2^1 \cdot 3^2 \cdot 5^0 \cdot 7^1 + 2^1 \cdot 3^2 \cdot 5^1 \cdot 7^0 + 2^1 \cdot 3^2 \cdot 5^1 \cdot 7^1 .
\end{aligned}
$$

このように，規則正しく項を展開し，整理していけば，もれなく約数が得られます——あとは，指数を簡単にするだけですね.

この方法の利点は，**すべての約数の和も同時に求められる**ことです.

完全数の検算

さて，"約数の和"と聞けば，自分自身を除いたすべての約数の和が，再び自身と同じになる不思議な数，「**完全数**」（第 26 章）を思い出します——この数の定義は，**約数の総和が自身の二倍になる**，と言い換えても同じことですので，本章ではこちらを主に用います.

具体的には，6, 28, 496, 8128, ... などですね．
最初の完全数は，6＝2·3 と素因数分解し，素因数の式を展開して

$$6 : (2^0 + 2^1)(3^0 + 3^1)$$
$$= 2^0 \cdot 3^0 + 2^0 \cdot 3^1 + 2^1 \cdot 3^0 + 2^1 \cdot 3^1$$
$$= 1 + 2 + 3 + 6 = 12 = 2 \times \mathbf{6}$$

となります．確かに "完全" です．また，約数そのものを求めること
を止めて，その総和だけに絞るのでしたら，直接

$$(2^0 + 2^1)(3^0 + 3^1) = 3 \times 4 = 12$$

とすれば，計算はもっと簡単になりますね．

次の完全数 28 も同様の手法で求められます．これは，28＝$2^2 \cdot 7$
と素因数分解されますから，同様の展開式を作って

$$28 : (2^0 + 2^1 + 2^2)(7^0 + 7^1)$$
$$= 2^0 \cdot 7^0 + 2^0 \cdot 7^1 + 2^1 \cdot 7^0 + 2^1 \cdot 7^1 + 2^2 \cdot 7^0 + 2^2 \cdot 7^1$$
$$= 1 + 7 + 2 + 14 + 4 + 28 = 56 = 2 \times \mathbf{28}.$$

これも "完全" です．約数の総和だけなら，先の場合と同様に

$$(2^0 + 2^1 + 2^2)(7^0 + 7^1) = (1 + 2 + 4)(1 + 7) = 7 \times 8 = 56.$$

しかし，こうした方法では，素因数が多く，しかもその指数が大き
い場合，非常に計算に無駄があります．そこで，以下の工夫をします．
まずは，次の完全数 496 を素因数分解し，展開すべき式：

$$496 = 2^4 \cdot 31 : (2^0 + 2^1 + 2^2 + 2^3 + 2^4)(31^0 + 31^1)$$

を得ます．ここで2に関する項を求めるために

$$2^1 \times (2^0+2^1+2^2+2^3+2^4) = 2^1+2^2+2^3+2^4+2^5$$

を作って，元の式と引き算し，項を整理してみましょう──狙いは，たくさんある項の"先頭"と"最後"だけを残して，残りの部分を互いに打ち消し合うようにする，という点にあります．すなわち

$$2^1 \times (2^0+2^1+2^2+2^3+2^4)-(2^0+2^1+2^2+2^3+2^4)$$
$$=(2^1-1)(2^0+2^1+2^2+2^3+2^4)$$

ですが，この式は

$$2^1 \times (2^0+2^1+2^2+2^3+2^4)-(2^0+2^1+2^2+2^3+2^4)$$
$$=(2^{0+1}+2^{1+1}+2^{2+1}+2^{3+1}+2^{4+1})-(2^0+2^1+2^2+2^3+2^4)$$
$$=2^{4+1}-2^0$$

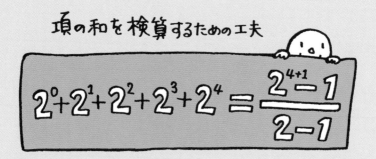

項の和を検算するための工夫

$$2^0+2^1+2^2+2^3+2^4 = \frac{2^{4+1}-1}{2-1}$$

とも計算できますので，二式を結んで

$$(2^1-1)(2^0+2^1+2^2+2^3+2^4)=2^{4+1}-2^0$$

を得ます——"計画"は大変うまくいきました．

　よって，求めるべき式は，(2^1-1)で両辺を割り算して

$$2^0+2^1+2^2+2^3+2^4=\frac{2^{4+1}-2^0}{2^1-1}=\frac{2^{4+1}-1}{2-1}$$

となります．これは元になる数にも，その指数の大きさにもよらない議論で，しかも結果は，元の数 2 と，指数 4 で特徴付けられていますので，ただちに他の問題にも応用できる形になっています．

　この方法を 31 に関する項にも用いて，完全数に関する展開式は

$$496 : (2^0+2^1+2^2+2^3+2^4)(31^0+31^1) = \frac{2^{4+1}-1}{2-1} \times \frac{31^{1+1}-1}{31-1}$$

と書き換えられます. よって

$$\frac{2^5-1}{1} \times \frac{31^2-1}{30} = 31 \times 32 = 992 = 2 \times 496.$$

これで 496 も "完全" であることが確かめられました.

次の完全数は, $8128 = 2^6 \cdot 127$ ですが, もう簡単ですね.

$$8128 : (2^0+2^1+2^2+2^3+2^4+2^5+2^6)(127^0+127^1)$$
$$= \frac{2^{6+1}-1}{2-1} \times \frac{127^{1+1}-1}{127-1} = \frac{2^7-1}{1} \times \frac{127^2-1}{126}$$
$$= 127 \times 128 = 16256 = 2 \times 8128$$

より, その "完全性" が確かめられます.

乗法的な性質である約数を,「足し合わせる」という加法的な作業によって再現する完全数は, **乗法と加法を結ぶ "秘密の回廊"** なのかもしれません. 完全数の話をもう少し続けましょう.

56 不思議な数の不思議な関係

完全数の話を続けましょう.

皆さんは,前章で議論した完全数がすべて,「2 の何乗×素数」という形に素因数分解されていることに気が付きましたか.

$$6 = 2^1 \cdot \mathbf{3}, \quad 28 = 2^2 \cdot \mathbf{7}, \quad 496 = 2^4 \cdot \mathbf{31}, \quad 8128 = 2^6 \cdot \mathbf{127}.$$

なんとこれらの素数は,メルセンヌ素数の最初の四つなのです.どうやら,完全数とメルセンヌ素数には,何か深い関係がありそうですね.

再びメルセンヌ素数

第 17 章でご紹介しましたように,一般に「2 の何乗 −1」という形式で表される数を「**メルセンヌ数**」,そしてそれがさらに素数である場合を,「**メルセンヌ素数**」と呼ぶのでした.具体的には

$$2^1 - 1 = 1.$$
$$2^2 - 1 = 3. \text{(素数)}$$
$$2^3 - 1 = 7. \text{(素数)}$$
$$2^4 - 1 = 15 = 3 \times 5.$$
$$2^5 - 1 = 31. \text{(素数)}$$
$$2^6 - 1 = 63 = 7 \times 9.$$
$$2^7 - 1 = 127. \text{(素数)}$$
$$2^8 - 1 = 255 = 5 \times 51.$$
$$\vdots$$

となります——すなわち,これらすべてがメルセンヌ数,その中で特に 3,7,31,127 が,メルセンヌ素数と呼ばれる,というわけです.

そこで,メルセンヌ素数の形式にそって,完全数を書き直しますと

$$6 = 2^1 \cdot 3 \qquad = 2^{2-1} \cdot (2^2 - 1),$$
$$28 = 2^2 \cdot 7 \qquad = 2^{3-1} \cdot (2^3 - 1),$$
$$496 = 2^4 \cdot 31 \qquad = 2^{5-1} \cdot (2^5 - 1),$$
$$8128 = 2^6 \cdot 127 = 2^{7-1} \cdot (2^7 - 1).$$

となります．実は，すべての「**偶数の完全数**」は，このような形でメルセンヌ素数と結び付いていることが，「**ユークリッド**」により論じられ，後に「**オイラー**」によって証明されているのです．

たとえば，新しいメルセンヌ素数：$2^{57885161} - 1$ が発見されれば，ただちに新しい完全数：

$$2^{57885161-1} \cdot (2^{57885161} - 1)$$

が求められる，という具合になっているわけです．

なお，奇数の完全数の存在は，今なお証明されていません．

再び三角数

完全数の約数の総和に話を戻しましょう.

完全数とは，約数の総和が自身の二倍になる数でした．それが，先の計算において，"連続する二つの自然数の積"で表されていたのです．この点に注目しますと

$$6 = \frac{1}{2} \times (\mathbf{3} \times 4) \quad\quad = \frac{1}{2} \times [3 \times (3+1)],$$

$$28 = \frac{1}{2} \times (\mathbf{7} \times 8) \quad\quad = \frac{1}{2} \times [7 \times (7+1)],$$

$$496 = \frac{1}{2} \times (\mathbf{31} \times 32) \quad\quad = \frac{1}{2} \times [31 \times (31+1)],$$

$$8128 = \frac{1}{2} \times (\mathbf{127} \times 128) = \frac{1}{2} \times [127 \times (127+1)]$$

という書き直しができますね.

この数の並び方にも見覚えがありませんか．ガウス少年は，"1 から 100 までの自然数の和"を，どのようにして求めたのでしょうか．

$$1 + 2 + 3 + \cdots\cdots + 98 + 99 + 100$$
$$+)\ 100 + 99 + 98 + \cdots\cdots + 3 + 2 + 1$$
$$\overline{101 + 101 + 101 + \cdots\cdots + 101 + 101 + 101 = 101 \times 100 \div 2.}$$

思い出しましたか．そうです．連続する二つの自然数の積は，第 13 章でご紹介しました「**三角数**」の形式になっていますね．

したがって，完全数は

$$6 = 1 + 2 + \mathbf{3},$$
$$28 = 1 + 2 + 3 + 4 + 5 + 6 + \mathbf{7},$$
$$496 = 1 + 2 + 3 + 4 + 5 + 6 + 7 + 8 + \cdots + \mathbf{31},$$
$$8128 = 1 + 2 + 3 + 4 + 5 + 6 + 7 + 8 + 9 + \cdots + \mathbf{127}$$

という"**連続する自然数の和**"としても特徴付けられるのです．

数学は，応用面で非常に多くの分野と関連していますが，その内部においても，様々な部分が全体と調和して，相互に関係しているのです．素因数分解による約数の計算から「完全数」へ，そして「メルセンヌ素数」，さらに「三角数」へ，と話題は尽きません．

特別の意味も見えず，奇妙なだけのように思えた数の定義が，場所を変え，所を変え，相手を変えて，颯爽と再登場してくる様子は，真に驚くに値するものといえるでしょう．

ところで，完全数から派生した考え方として，同じく自身を除く約数の和を元にした，「**不足数**」「**過剰数**」という数の分類や，二数の相互関係である「**友愛数**」という面白い数もありました（第 26 章）．

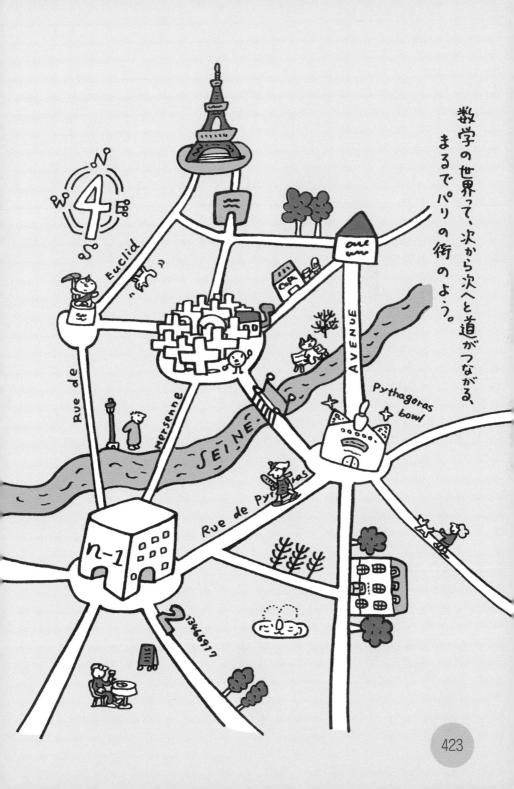

数学の世界って、次から次へと道がつながる、まるでパリの街のよう。

423

ここでは，友愛数のもっとも簡単な例である220,284について，その "友情" を確かめておきましょう．

約数の総和から，最後に自分自身を引き算しておきます．さて，どうなりますでしょうか．計算の要領はこれまでの通りです．

$$
\begin{cases}
220 = 2^2 \cdot 5 \cdot 11 : \dfrac{2^{2+1}-1}{2-1} \cdot \dfrac{5^{1+1}-1}{5-1} \cdot \dfrac{11^{1+1}-1}{11-1} - 220 = \mathbf{284}, \\[4mm]
284 = 2^2 \cdot 71 : \ \ \dfrac{2^{2+1}-1}{2-1} \cdot \dfrac{71^{1+1}-1}{71-1} \qquad\qquad - 284 = \mathbf{220}.
\end{cases}
$$

なるほど，確かに，これらの数は相互につながっています．

これで皆さんは，大きな完全数や友愛数に関しましても，自分の手で計算をして，それらを確かめることができるようになったわけです．数の不思議さは，実際に自分で計算すればするほど，より深く豊かに感じるようになるものです．是非，皆さんも楽しんで下さい．

さて，与えられた数を素因数分解することは，大変な作業です——だからこそ素数は，暗号にも使われているのです．また，分解された数を元にしてすべての約数を書き出すのも大変でした．

このように，約数をすべて書き出し，その中から公約数を探し，さらに最大のものを見付ける方法以外では，既約分数は作れないのでしょうか．何か他に良い方法はないものでしょうか？

ユークリッド・二千年の秘伝

　既約分数は，分子・分母の素因数分解により簡単に求めることができました．たとえば

$$\frac{378}{60}$$

などは，皆さんも"一目で"できるのではないでしょうか．そう

$$\frac{2\times3^3\times7}{2^2\times3\times5}\quad より，\quad \frac{3^2\times7}{2\times5}=\frac{63}{10}$$

です．慣れてくると，分解の鍵がすぐ"目に付く"ようになりますね．
　それでは，次の例題：

$$\frac{22249763}{18369181}$$

はどうでしょうか．"難しすぎますか"，確かにそうかもしれません．皆さんの中で，この分子・分母の素因数分解ができる人はいないでしょう．計算機を駆使しても，そう簡単にはできません．

　しかし，たとえ素因数分解ができなくても，分子・分母の最大公約数を見付けることだけはできるのです．計算機がなくても，手計算でも十分に探し出す方法があるのです．電卓があれば，なお簡単です．
　さて，それは一体，どのような"魔法"なのでしょうか．

割り算の隠し味

　方法を理解するためには，問題を解くことが大切です．それは答をよく知っている問題，色々な方向からすでに試してみた問題が適当です．身に付けたいことは，その解き方，考え方ですから，問題そのものは単純で，親しみやすい方がよいのです．

そこで，先に解きました

$$\frac{1188}{630} = \frac{66}{35} : (最大公約数 18)$$

を例に，既約分数の新しい求め方，**"最大公約数のもっとも手際の良い導き方"** をご説明いたしましょう．

まず，対象とする二数 $\{1188, 630\}$，その求めるべき最大公約数を D と表すことにします——すなわち，$D=18$ ですが，それは心の隅にしまっておいて下さい，ナイショです．

そして，与えられた二数の大きい方を，小さい方で割り算します．

$$1188 = 1 \times 630 + 558.$$

商 1，余り 558 と求められました．

さらに，この式を余り 558 について解いた形に変形しましょう．

$$558 = 1188 - 1 \times 630.$$

このように変形しますと，右辺は，1188, 630 の最大公約数 D によって割り切れるので，左辺 558 はこれを約数として持つことがハッキリと分かります——要するに，$558 = 18 \times (66 - 1 \times 35)$ と変形できる，ということですが，これも今はナイショです．

元々 D は 630 の約数でしたから，これで二数 {630, 558} の公約数であることが明らかになりました．

さて今度は，「割る数 630」と「余り 558」の最大公約数を d とおきます．今，D がこの二数の "公約数" であることを知ったばかりですが，さらに d がその中の "最大" である，と決めたわけですから，D は，d を最大値とする公約数の集団の中のどれかに一致するはずです．

"すべての公約数は，最大公約数の約数である" ということを思い出して下さい．この早口言葉のような事実が，そして，「約数」「公約数」「最大公約数」という三つの用語をしっかりと使い分けることが，この解法のポイントです．

以上の関係から，次のような不等式を書いてみましょう．

$$d \geqq D$$

ここで，d と D は "実は同じものかもしれない" という "含み" を残すために，不等号「>」の下に等号「=」を加えておきました——この記号は「d は D より大きいか，あるいは等しい」と読みます．

ところで，再び最初の式：

$$1188 = 1 \times 630 + 558$$

に注目しますと，明らかに，左辺 1188 は，右辺二数 {630, 558} の最大公約数 d を約数として持つことが分かりますね．

すなわち，d は，{1188, 630} の公約数ともなるわけです．よって，{1188, 630} の最大公約数 D との間に，先の議論と同様の理由から

$$D \geqq d$$

なる関係が成り立つはずです．

なんだか奇妙なことになってきました．片方では，「d は D より大きいか，あるいは等しい」，もう一方では，「D は d より大きいか，あるいは等しい」だなんて．これは矛盾ではないでしょうか．

実はこの二つの数には大小関係がなく，二つの不等式とも，"あるいは等しい"の"等しい"という部分が正解だったのです.

すなわち，二種類の不等式が共に成り立つためには

$$D = d$$

となることが必要なのです．これで議論に矛盾はありません.

以上で，これらの二つの数の組：{1188, 630}と{630, 558}は，同じ最大公約数を持つことが分かりました——最後のナイショ話：両者とも D（=18）で割り切れる，すなわち，{1188=66×18, 630=35×18}であり，{630=35×18, 558=31×18}ということですね.

最強の「アルゴリズム」登場

今ご紹介しました方法は繰り返し適用することができます.

すなわち，**"割られる数と割る数の最大公約数は，割る数と余りのそれに等しい"** ことが分かったわけですから，今度は割る数と余りを対象にして，同じ計算を繰り返せばよいのです.

余りは，一回の計算ごとに確実に小さくなっていきますから，どこかで余りが0になり，そのときの割る数が求めるべき最大公約数となって，繰り返し計算は終了します.

やってみましょう．割る数と余りが，順番にその役割を換えて登場しますから，数の移動を楽しんで下さい.

432

$$1188 = 1 \times 630 + 558,$$
$$630 = 1 \times 558 + 72,$$
$$558 = 7 \times 72 + 54,$$
$$72 = 1 \times 54 + 18,$$
$$54 = 3 \times \mathbf{18}.$$

どうですか. 数の動きが楽しめましたか.

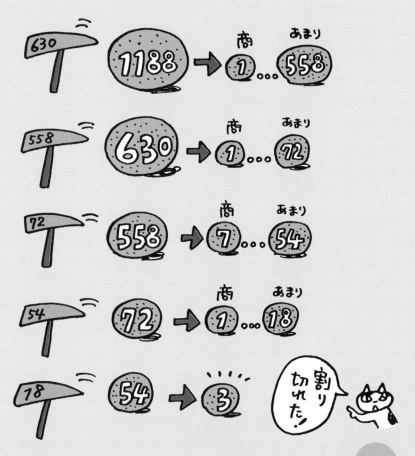

　余りの列は 558, 72, 54, 18 と順番に，確実に小さくなって，ついには 0 になりました．そのときの割る数 18 が，この問題の最大公約数となったわけです．これは

　　　{1188, 630} の最大公約数は {630, 558} のそれであり，

　　　{630, 558} の最大公約数は {558, 72} のそれであり，

　　　{558, 72} の最大公約数は {72, 54} のそれであり，

　　　{72, 54} の最大公約数は {54, 18} のそれであり，

　　　{54, 18} の最大公約数は　　**18**　　である.

　　よって，{1188, 630} の最大公約数は 18 である

という，見事な論法から得られた結果なのです．

　これは，「**ユークリッドの互除法**」と呼ばれ，二千三百年以上前から知られている，最大公約数のもっとも手際の良い求め方なのです．

　確実に結果が導かれる算法を「**アルゴリズム**」と呼びます——コンピュータの世界で，もっともよく使われる言葉の一つです．この互除法こそが，史上初であり，しかも今なお現役のアルゴリズムなのです．

　腕試しに，最初に示しました例題に戻りましょう．皆さんも挑戦して下さい．素因数分解ができそうにもない分数の分子・分母 {22249763, 18369181} にユークリッドの互除法を適用します．

残り, 前へ 10m,
左へ 3m で,
ユークリッドさんに 会える！

$$
\begin{aligned}
22249763 &= \;\; 1 \times 18369181 + 3880582, \\
18369181 &= \;\; 4 \times 3880582 \;\;+ 2846853, \\
3880582 &= \;\; 1 \times 2846853 \;\;+ 1033729, \\
2846853 &= \;\; 2 \times 1033729 \;\;+ 779395, \\
1033729 &= \;\; 1 \times 779395 \;\;\;+ 254334, \\
779395 &= \;\; 3 \times 254334 \;\;\;+ 16393, \\
254334 &= 15 \times 16393 \;\;\;\;+ 8439, \\
16393 &= \;\; 1 \times 8439 \;\;\;\;\;\;+ 7954, \\
8439 &= \;\; 1 \times 7954 \;\;\;\;\;\;+ 485, \\
7954 &= 16 \times 485 \;\;\;\;\;\;\;+ 194, \\
485 &= \;\; 2 \times 194 \;\;\;\;\;\;\;\;+ 97, \\
194 &= \;\; 2 \times \mathbf{97}.
\end{aligned}
$$

終わりました. 最大公約数は 97 でした. よって, この分数は

$$
\frac{22249763}{18369181} = \frac{229379 \times 97}{189373 \times 97} \quad \text{より,} \quad \frac{229379}{189373}
$$

となりました. これが既約分数です.

　実は, この分数の分子・分母は, 確かに "互いに素" ではありますが, まだ素数の積に分解できます.

$$
\frac{22249763}{18369181} = \frac{23 \times 9973 \times 97}{19 \times 9967 \times 97}
$$

が最終的な素因数分解になります.

　皆さんは, こうした分解ができなくても, 互除法により簡単に最大公約数が求められることの幸せを感じて下さい. 大きな数の素因数分解は, コンピュータをかなり長い時間利用しない限り求められないものですが, 最大公約数だけは, 皆さんがホンのちょっと計算するだけでも求められるのです. これは本当に驚くべきことなのです.

58 大事な分数・便利な小数

　ここでは，具体例として「1/10」を主に採り上げ，その大きさについて調べていきます．また，分数の世界における"禁じ手"，すなわち，"定まらない計算"についても論じていきます．

分数表記と小数表記

　二階建ての分数は，その"生い立ち"がハッキリと分かる数です．
　たとえば，同じ数「1」となるものでも，二つのケーキを二人で分けて，一人当たり一個の取り分になる場合と，四つのケーキを四人で分けて，一人一個になる場合では，一人当たりの取り分としては同じですが，ケーキの総数は異なりますね．

$$\frac{2}{2} = 1 \quad \longleftarrow \quad \frac{個数}{人数} \quad \longrightarrow \quad \frac{4}{4} = 1.$$

　このように，分数には，問題の設定条件まで明瞭に表してくれる，という他にはない大きな利点があります．

　しかし，こうした利点も，約分をすれば，すべて同じ数になって区別が付かなくなります．したがって，現実的な問題では，あえて既約分数にせずに，その数の意味を強調しておく場合も多いのです．
　たとえば，日本の一割の人が知っている大人気番組があったとします．これを 1/10 と表さず

$$\frac{13000000}{130000000} \quad \longleftarrow \quad \frac{知っている人}{日本の総人口}$$

として，日本の人口と，それを実際に知っている人の数を強調する場合などです．具体的な内容に沿った，ある種の迫力を感じるでしょう．

四人のうち一人が持ってるゲーム機も…

百人中二十五人が持ってるゲーム機も…

約分すればどちらも $\dfrac{1}{4}$ になる。

ただし，ちょっと注意しなければならない点は，この"逆"が成り立たないことです．すなわち，「アンケートの結果，日本人の1/4に支持されました」と広告にあっても，それは

$$\frac{32500000}{130000000} \xleftarrow{\quad} \underline{支持する人々} \atop \xleftarrow{\quad} \underline{日本の総人口}$$

なのか，"日本人の代表"としての友達八人に聞いてみた寂しい結果：

$$\frac{2}{8} \xleftarrow{\quad} \underline{支持する友達} \atop \xleftarrow{\quad} \underline{友達の総数}$$

の1/4なのか，ハッキリしない，ということです．こうした点に無頓着でいると，簡単に騙されてしまいます．皆さんも要注意ですよ．

　このように，分数は現実の問題にも柔軟に対応できる，という大きな長所があるその一方で，数の大小関係を掴みにくい，という短所があります．たとえば，3/4と7/9のどちらが大きい数でしょうか．
　そこで，0から1の間の数を具体的に表す「小数」が用いられるのです．まずは，1を十等分した数1/10について考えましょう．これを

$$\frac{1}{10} ：\textbf{分数表記} \quad \xleftrightarrow{\quad} \quad 0.1：\textbf{小数表記}$$

と書くのです——0と1の間の「.」を「小数点」と呼び，全体を「れい，てん，いち」と読みます（英語なら「ゼロ，ポイント，ワン」）．
　10で割るたびに，小数点の右側の0が一つずつ増えていきます．

$$\frac{1}{10} = 0.1, \quad \frac{1}{100} = 0.01, \quad \frac{1}{1000} = 0.001, \quad \frac{1}{10000} = 0.0001, \ldots$$

どちらが大きいか, わかりにくい。

でも 小数表記 にすると...

どちらが大きいか, すぐわかる。

10 倍すること，10 で割ることによって，小数点以下の 0 の個数が一つずつ増・減します．不等号を用いて表しておきましょう．

$$\underrightarrow{\quad 10\ 倍\quad}\underrightarrow{\quad 10\ 倍\quad}\underrightarrow{\quad 10\ 倍\quad}\underrightarrow{\quad 10\ 倍\quad}$$

$$\cdots < 0.0001 < 0.001 < 0.01 < 0.1 < 1 < 10 < \cdots$$

$$\underleftarrow{\quad 10\ で割る\quad}\underleftarrow{\quad 10\ で割る\quad}\underleftarrow{\quad 10\ で割る\quad}$$

続いて，分子が 10 より大きい場合について調べます．11/10 について考えましょう．まず，この分数は，10<11<20 より

$$\frac{10}{10} = 1 < \frac{11}{10} < \frac{20}{10} = 2 \;\longrightarrow\; 1 < \frac{11}{10} < 2$$

であることは明らかです．

また，この数の分子は，11=10×1＋1 と書き換えられますから

$$\frac{11}{10} = \frac{10 \times 1 + 1}{10} = \frac{10 \times 1}{10} + \frac{1}{10} = 1 + \frac{1}{10} \;\longleftrightarrow\; 1 + 0.1 = 1.1$$

となります．このように，1 より大きく，2 より小さい数である 11/10 は，小数点の左側にその性質を示す「1」が書かれるのです．

さて，ここで繁分数の形式を取った，次の数の列：

$$\cfrac{1}{\cfrac{1}{10}},\; \cfrac{1}{\cfrac{1}{10^2}},\; \cfrac{1}{\cfrac{1}{10^3}},\; \cfrac{1}{\cfrac{1}{10^4}},\; \cfrac{1}{\cfrac{1}{10^5}},\; \cfrac{1}{\cfrac{1}{10^6}},\; \cfrac{1}{\cfrac{1}{10^7}},\ldots$$

を考えてみましょう．これは，分母がどんどん小さくなっていく数の列ですが，数全体としては，上の繁分数形式を約分，整理して

$$10,\; 10^2,\; 10^3,\; 10^4,\; 10^5,\; 10^6,\; 10^7, \ldots$$

1く★く2

1より大きく、2より小さいもの、とは?

① $\frac{11}{10}$ 個のタコヤキ

② $\frac{12}{10}$ 個パックの卵

二個増量

③ $\frac{15}{10}$ 回転するフィギアスケートの選手。

着地

④ $\frac{17}{10}$ ラーメン

ハイ、大盛り!

と十倍ずつ大きくなっていることが分かります．すなわち，分母が0に向かって，どんどん小さくなっていくにしたがって，分数の大きさはいくらでも大きくなっていくわけです．

さて，そこで分母が0に等しい場合を考えましょう．分数とは割り算の化身でした．また，割り算は掛け算の逆の計算でした．したがって，この問題は，0を含む掛け算の性質から考えるのがよいでしょう．

「数0」は，どのような数に掛け算しても，結果がまた0になる，という性質を持っていました．たとえば

$$1 \times 0 = 0, \ 2 \times 0 = 0, \ 3 \times 0 = 0, \ 4 \times 0 = 0, \ldots$$

などですね．逆に，0にどのような数を掛け算しても，結果はやはり0になりました．たとえば，次のようなものでした．

$$0 \times 1 = 0, \ 0 \times 2 = 0, \ 0 \times 3 = 0, \ 0 \times 4 = 0, \ldots$$

以上の性質を利用して，0での割り算を考えましょう．すなわち，割り算を掛け算に書き直して処理するのです．

（割られる数）÷（割る数）＝（割り算の結果）

—→ （割り算の結果）×（割る数）＝（割られる数）．

この式の中で，強引に「割る数」を0にしますと，形式的には

（割り算の結果）× 0 ＝（割られる数）

となりますが，これは 1×0＝2 が成り立つ，と主張しているようなもので，先に述べた掛け算における0の性質に矛盾します．

数学には いろんな
表記方法 が ある。

　どのような数でも，0を掛け算した結果は0であり，それが0以外の数に一致することはありません．それは不可能です．

　したがって，こうした計算は意味を持ち得ません——これを「不能」といいます．この矛盾は，割る数を0にしたこと，すなわち，0での割り算を認めたことに由来します．

　また，「割る数」も「割られる数」も共に0にした場合には

$$(割り算の結果) \times 0 = 0$$

となります．掛け算の立場から見れば，ここに矛盾はありません．

　しかし，0を掛ければ，どのような数でも0になりますので，結果を一つの値に定めようがありません——これを「不定」といいます．要するに，0÷0，分数0/0はどのような値にも決められるので，その処理に困る，というわけです．

　不能，不定，どちらもこれまでに学んできた規則とは，共存させることが難しいものです．したがって，**ある数を0で割る計算は除外します**．0が"一階の住人"になることはありません．うっかりテストなどでやってしまうと"反則負け"になりますから注意して下さい．

　もちろん，どんなに小さな数であっても，0でさえなければ，単にその分数は大きな数だというだけのことで，何の矛盾も生じません．以上が，"0での割り算が定められていない理由"です．

数とその表記法

　ここで少し注意を促したい問題があります．それは，「数」そのものとその表記法の問題です．これは，第6章でも述べたことなのですが，通常，皆さんが数を表すために用いているのは「十進表記」です．

　ところが，計算機内部では「二進表記」が用いられ，プログラミングには「十六進表記」もよく利用されます．これらの関係は

二進：1 10 11 100 101 110 111 1000 1001 1010 1011 1100 1101 1110 1111
十進：1 2 3 4 5 6 7 8 9 10 11 12 13 14 15
十六進：1 2 3 4 5 6 7 8 9 A B C D E F

ですね——計算機は，十六進数を含んだコードでプログラムされ，その演算は二進数で処理され，その出力は人間が見易いように十進数に変換される，というのが普通の方法です．同じ数を表すのに，様々な表記が存在するわけです．

　分数と小数の関係も同様であり，同じ数学的実体を表現するための，異なる二種類の手法なのです．したがって，すべての分数は小数で表すことができ，その逆もまた可能なのです．

　ここでは，数の大きさを掴みやすい表現方法，「小数」をご紹介いたしました．上でも述べましたように，**分数と小数は，「数」の異なる表現方法ですから，どちらか一方だけを学んでも，理解は深まりません．両方を行ったり来たりしながら，数の感覚を掴んで下さい．**

59 分数から小数へ

　分数と小数，数そのものと，表記の違いについて学びました．
　分数は，その数の成り立ちがよく分かる構造を持っており，小数は他の数との大小の比較の面で優れています．
　これら両表記に親しみ，相互に変換できるようになること，そして，その意味を掴み取ることが，これからの目標です．

電卓を使おう！

　分数で表記された数の大きさを知る一番簡単な方法は，実際に割り算をしてその小数表記を求めることです．
　筆算でもよし，電卓でもよし．ここでは"安易に"電卓を用いて，計算を進めます——家庭用としてもっとも普及している「**八桁電卓**」の利用を前提に，順に説明していきます．

　話を簡単にするために，分子はすべて 1 に揃え，分母に 1 から 10 までの自然数を与えます．自然数の逆数（単位分数）を扱うわけです．
　それでは，電卓を用いて，実際に計算をはじめましょう．

$$\frac{1}{1} = 1, \quad \frac{1}{2} = 0.5, \quad \frac{1}{3} = 0.3333333, \quad \frac{1}{4} = 0.25, \quad \frac{1}{5} = 0.2,$$

$$\frac{1}{6} = 0.1666666, \quad \frac{1}{7} = 0.1428571, \quad \frac{1}{8} = 0.125, \quad \frac{1}{9} = 0.1111111.$$

　ここで，"数の読み方"に関する約束を再確認しておきましょう．**小数点以下の数字は，各桁ごとに読みます**．たとえば，0.25 ならば「れい，てん，に，ご」です．決して「れい，てん，にじゅうご」とは読みませんので，注意して下さい．

さて，電卓の使い方は，特に説明する必要もないでしょうが，一例だけ挙げておきましょう．たとえば，数字の $\boxed{1}$ と書かれたキーを押し，次に割り算記号のキー $\boxed{÷}$，数字の $\boxed{4}$，最後に等号記号の書かれたキー $\boxed{=}$ を押せば，以下のように答が表示されます．

$$\boxed{1}\ \boxed{÷}\ \boxed{4}\ \boxed{=} \rightarrow \boxed{\qquad 0.25}$$

さて，皆さんの手元の電卓の表示も，上のように数字が並んだでしょうか．筆算で計算をするよりも，楽して正確，電卓はずいぶん便利なものでしょう——以後，1/1 に関する計算は省略します．

この結果を見て，一番最初に気が付く点は，表記の桁数の違いではないでしょうか．どうやら二つのグループに分けられそうです．

$$A : \frac{1}{2} = 0.5, \quad \frac{1}{4} = 0.25, \quad \frac{1}{5} = 0.2, \quad \frac{1}{8} = 0.125, \quad \frac{1}{10} = 0.1$$

グループ A

割り切れる。

$$1 ÷ 2 = 0.5$$
$$1 ÷ 4 = 0.25$$
$$1 ÷ 5 = 0.2$$
$$1 ÷ 8 = 0.125$$
$$1 ÷ 10 = 0.1$$

$B：=\dfrac{1}{3}=0.3333333,　=\dfrac{1}{6}=0.1666666,　\dfrac{1}{7}=0.1428571,　\dfrac{1}{9}=0.1111111$

「グループ A」は，八桁電卓の桁数以下で結果が表されています.

なお，これまで，整数同士の割り算，たとえば，5÷2，4÷2，などの答は，「5÷2＝2 余り 1」「4÷2＝2」と書き，特に後者のように「余り 0」の場合を "割り切れた" といいましたが，これからは，数の表記が有限桁で終わる場合にも "割り切れる" という表現を用います.

すなわち，「A」は表示桁数内で "割り切れた" 数のグループ，ということになります. 一方，「グループ B」は，電卓の桁数を余すことなくすべて使って，結果が表されたものです.

グループ B

$$1 \div 3 = 0.3333333$$
$$1 \div 6 = 0.1666666$$
$$1 \div 7 = 0.1428571$$
$$1 \div 9 = 0.1111111$$

全部の桁がうまっちゃったよ。

電卓の誤差の問題

　計算結果は，電卓の表示枠に現れた桁数で，二つのグループに分けられたのですが，表示された数字の桁数を特に数えなくても，両者を区別する簡単な方法があります．

　割り算を行った直後に，「割った数」をもう一度掛け算するのです．すなわち，逆数の掛け算を行うわけです．これは1になるはずですね——たとえば，分数「1/2」を二倍すれば，1になりましたね．

　この当り前の結論を，電卓を使って確かめましょう．

　それでは順番にやってみます——電卓のキー手順を書きますから，皆さんも必ず自分で操作して下さい．

☆「グループＡ」の数の場合

　確かに，「グループＡ」の数に対しては，電卓は理論通り，数値「1」を表示しました．ここには，なんの問題もありません．

　ところが，「Ｂ」の数の場合には，おかしな結果が出てきます．

Aグループ

割ってすぐ同じ数を掛けると「1」に戻る。

あたり前。

Bグループ

元に戻らない。

なんで？壊れてるの？

☆「グループ B」の数の場合

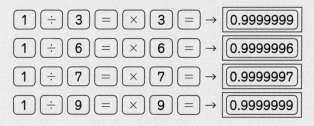

必ず「1」にならなければいけないはずの結果が

$$\boxed{0.9999999}$$

となったりして，結局どの場合もうまくいきません.

たとえ何桁の
電卓があっても
結果は同じ。

これで，二つのグループに分けられた数の特徴が分かりました．「A」は電卓で計算しても，理論通り正確に「1」に戻る数のグループであり，「B」は戻らない数のグループだ，ということです．

これは，一体何が起こったのでしょうか．電卓が壊れているのでしょうか，それとも安価な「八桁電卓」だからでしょうか．

実はこの問題は，如何なる高精度の計算機をもってしても，逃れられない数値計算の宿命，"計算の誤差"の問題なのです．この場合，なるべき「**真の値**」である1に対して，電卓は

$$\boxed{0.9999996} \quad \boxed{0.9999997} \quad \boxed{0.9999999}$$

を表示しました．その差を，この計算の「**誤差**」と呼びます．誤差は，真の値よりも大きい場合も小さい場合もありますので，より正確には「誤差の大きさ」として，どちらの場合も正の数として議論します．

今や百円でも手に入る電卓ですが，うまく使えば，とても面白く役に立つ道具になります．桁の大きい数の加減乗除を，一言の不平も言わず，確実にこなしてくれるのが機械の良いところです．

足りないところは，人間の能力で補えばよいのです．逆に，その欠点を補う能力に欠けた人が，電卓で得られた結果を，なにも考えずにそのまま信じてしまうと，大きな失敗をしてしまいます．

機械は間違いません，また機械であるが故の短所もあります．それを使うのは人間です．人間は間違います，また人間であるが故の長所もあるわけです．お互いに補い合い助け合うのが，機械と人間の正しい付き合い方でしょう．**機械に使われ，振り回されるのも愚かなら，機械を恐れ，遠ざけるのもまた愚かな態度です．**

引き続き，電卓の扱い方とその性質を調べていきましょう．

60 電卓の特徴

数の具体的な計算を行うのに，電卓は大変便利な道具です.

しかし，ノコギリでネジを回したり，ハンマーで木を切ったりすることができないように，正しく使わなければ，簡単に間違った結論を導いてしまう，実際の役には立たない道具になります. 正しい使い方，電卓内部の数の処理方法について知っておくことが重要です.

電卓の最大数・最小数

これまで学んできたように，自然数に「これが最大の数だ」と呼べるものはありません. いくらでも大きな数が考えられます——ちなみに「最小の自然数は1」でしたね.

一方，分数においては，「最小の数」というものは考えられず，いくらでも小さな数が存在します.

ここから…

ところが，電卓では，このような"広大な世界"は扱えません．表示される桁数にしたがって，最大数・最小数が決まってしまいます．「八桁電卓」においては，次のようになります．

最大数：| 99999999 | 最小数：| 0.0000001 |

前章で行った 1/3 に対する計算では，誤差がこの電卓の最小数として得られたわけです．この場合，本来なら 1 になるはずの計算結果が

$$0.3333333 \times 3 = 0.9999999 < 1$$

となり，1 以下の値になってしまったわけですから，真の値よりは小さかったことが分かります．

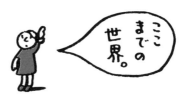

ここまでの世界。

459

そこで，0.3333333 に対して，この電卓の最小数である 0.0000001 を加えてみましょう．そして，その値を三倍すると

$$(0.3333333+0.0000001) \times 3 = 1.0000002 > 1.$$

今度は，1 より大きくなってしまいました——「誤差の大きさ」も，(1.0000002−1)＝0.0000002 と先の場合よりも大きくなりました．

さて，確かに元の数 1 には戻りませんでしたが，ここで非常に重要な結論が得られました．すなわち，1/3 の誤差無しの値——真の値——は分からないけれども，電卓により，その上下を挟み撃ちすることができたので，答は必ず不等式：

$$0.3333333 < \frac{1}{3} < 0.3333334$$
$$\times \quad\quad \times \quad\quad \times$$
$$3 \quad\quad\quad 3 \quad\quad\quad 3$$
$$\| \quad\quad\quad \| \quad\quad\quad \|$$
$$0.9999999 < 1 < 1.0000002$$

が示す範囲の中にある，と自信を持って言えるようになったことです．

「グループ B」の他の数に対しても，最小数 0.0000001 を加えたもので，同様に挟み撃ちの計算しますと

$$0.1666666 < \frac{1}{6} < 0.1666667$$
$$\times \quad\quad \times \quad\quad \times$$
$$6 \quad\quad\quad 6 \quad\quad\quad 6$$
$$\| \quad\quad\quad \| \quad\quad\quad \|$$
$$0.9999996 < 1 < 1.0000002$$

「真実の値」を探しに行こう。

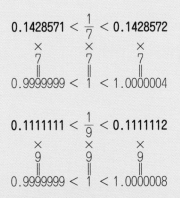

$$0.1428571 < \frac{1}{7} < 0.1428572$$
$$\times 7 \qquad \times 7 \qquad \times 7$$
$$=\qquad =\qquad =$$
$$0.9999999 < 1 < 1.0000004$$

$$0.1111111 < \frac{1}{9} < 0.1111112$$
$$\times 9 \qquad \times 9 \qquad \times 9$$
$$=\qquad =\qquad =$$
$$0.9999999 < 1 < 1.0000008$$

という結果を得ます．皆さんも是非，実際に電卓で試して下さい．

切り捨て・切り上げ・四捨五入

　以上の計算結果から，また一つ電卓の内部の秘密が分かりました．
　それぞれの誤差の大きさに注目して下さい．誤差の大きさが分母の数によって異なりますね．これは何故でしょうか．
　一般に，ある桁以降の数をまったく無視して，数を処理することを「**切り捨て**」と呼び，逆にその桁が 0 でない限り，一つ上の位に上げることを「**切り上げ**」と呼びます．
　たとえば，以下のような例が挙げられます．

$$\begin{cases} 0.12345678\mathbf{9} \rightarrow 最後の桁を\ ``切り捨て"\ れば：0.12345678. \\ 0.12345678\mathbf{9} \rightarrow 最後の桁を\ ``切り上げ"\ れば：0.12345679. \end{cases}$$

　この処理は，注目する桁数によって変わってきます．もし，小数点以下五桁目に注目して，小数点以下四桁の数になるように処理すれば

$$\begin{cases} 0.123456789 \rightarrow \text{五桁目を "切り捨て" れば}: 0.123\mathbf{4}, \\ 0.123456789 \rightarrow \text{五桁目を "切り上げ" れば}: 0.123\mathbf{5} \end{cases}$$

となります.

　また，注目している桁の数字が，5 を含めてそれよりも大きい場合には「切り上げ」，そうでない場合には「切り捨て」を行う処理方法を「四捨五入」と呼びます——処理の内容がよく分かる名前でしょう.

　この場合ならば，以下のようになります.

$$\begin{cases} 0.12345678[9] \rightarrow \text{九桁目に注目して "四捨五入"}: 0.12345679, \\ 0.1234567[8]9 \rightarrow \text{八桁目に注目して "四捨五入"}: 0.1234568, \\ 0.123456[7]89 \rightarrow \text{七桁目に注目して "四捨五入"}: 0.123457, \\ 0.12345[6]789 \rightarrow \text{六桁目に注目して "四捨五入"}: 0.12346, \\ 0.1234[5]6789 \rightarrow \text{五桁目に注目して "四捨五入"}: 0.1235, \\ 0.123[4]56789 \rightarrow \text{四桁目に注目して "四捨五入"}: 0.123, \\ 0.12[3]456789 \rightarrow \text{三桁目に注目して "四捨五入"}: 0.12, \\ 0.1[2]3456789 \rightarrow \text{二桁目に注目して "四捨五入"}: 0.1. \end{cases}$$

　実は電卓は，表示される桁数よりも多くの桁を内部では計算しているのです. そして，自身の最高桁数に合わせて数を処理し，表示しているのですが，それは「切り捨て」なのでしょうか，「切り上げ」なのでしょうか，また「四捨五入」なのでしょうか.

　この問題は，1/3, 1/6 の九桁目の値が分かれば，結論が出るはずですね. 皆さんもこの問題を考えながら，読み進めて下さい.

61 鍵を握る 2×5

　2 から 10 までの自然数を分母に持つ分数を，「A」「B」という二つのグループに分けて，その性質を調べています．

　特に，電卓を用いて"自明な計算"——誰でも，必ずこうなると言いきれる，あまりにも当り前の計算のこと——の結果を調べたところ，「グループ B」において，以下の奇妙な現象を発見しました．

「グループ A」の数の場合

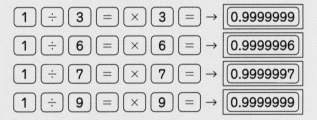

「グループ B」の数の場合

$$1 \div 3 = \times 3 = \rightarrow 0.9999999$$
$$1 \div 6 = \times 6 = \rightarrow 0.9999996$$
$$1 \div 7 = \times 7 = \rightarrow 0.9999997$$
$$1 \div 9 = \times 9 = \rightarrow 0.9999999$$

　この結果を見て，「グループ B」の数は，電卓では正確に——誤差無しで——表せないことが明らかになりました．

　本章では，この問題をさらに深く調べていきます．

分母の素因数分解

この二種類のグループ「A」「B」は，数のどのような特徴を表しているのでしょうか．数の特徴を精密に調べるもっとも強力な方法は，第18章で採り上げました「素因数分解」です．

この場合，分母の素因数分解が，謎を解く鍵になります．

これまでに求めた素数の表を見ながら，自然数を素因数分解し，その結果を先の分数に当てはめてみましょう．

2から10までの，素因数分解は

$$2,\ 3,\ 4 = 2^2,\ 5,\ 6 = 2 \cdot 3,\ 7,\ 8 = 2^3,\ 9 = 3^2,\ 10 = 2 \cdot 5$$

ですから，これらを分母として

$$A : \frac{1}{2} = 0.5,\quad \frac{1}{2^2} = 0.25,\quad \frac{1}{5} = 0.2,\quad \frac{1}{2^3} = 0.125,\quad \frac{1}{2 \cdot 5} = 0.1,$$

$$B : \frac{1}{3} = 0.3333333,\quad \frac{1}{2 \cdot 3} = 0.1666666,\quad \frac{1}{7} = 0.1428571,$$

$$\frac{1}{3^2} = 0.1111111$$

と書き換えることができます．

以上の結果において明らかなことは，表記が簡潔な「グループA」の分数は，すべて分母が，「2」と「5」だけからできていることです．

これは，ここで用いている――あるいは，一般生活において主に使われている――「十進表記」の基準となる数 10 が，「10＝2・5」というように，2と5のみからできていることに関係しています．

具体例を増やそう

具体的にもう少し例を調べた方がよいでしょう.

分母の範囲を，100 まで拡げます——100 までの素因数分解の表
（第 18 章）を手元においておくと間違いません.

*	2	3	2^2	5	$2 \cdot 3$	7	2^3	3^2	$2 \cdot 5$
11	$2^2 \cdot 3$	13	$2 \cdot 7$	$3 \cdot 5$	2^4	17	$2 \cdot 3^2$	19	$2^2 \cdot 5$
$3 \cdot 7$	$2 \cdot 11$	23	$2^3 \cdot 3$	5^2	$2 \cdot 13$	3^3	$2^2 \cdot 7$	29	$2 \cdot 3 \cdot 5$
31	2^5	$3 \cdot 11$	$2 \cdot 17$	$5 \cdot 7$	$2^2 \cdot 3^2$	37	$2 \cdot 19$	$3 \cdot 13$	$2^3 \cdot 5$
41	$2 \cdot 3 \cdot 7$	43	$2^2 \cdot 11$	$3^2 \cdot 5$	$2 \cdot 23$	47	$2^4 \cdot 3$	7^2	$2 \cdot 5^2$
$3 \cdot 17$	$2^2 \cdot 13$	53	$2 \cdot 3^3$	$5 \cdot 11$	$2^3 \cdot 7$	$3 \cdot 19$	$2 \cdot 29$	59	$2^2 \cdot 3 \cdot 5$
61	$2 \cdot 31$	$3^2 \cdot 7$	2^6	$5 \cdot 13$	$2 \cdot 3 \cdot 11$	67	$2^2 \cdot 17$	$3 \cdot 23$	$2 \cdot 5 \cdot 7$
71	$2^3 \cdot 3^2$	73	$2 \cdot 37$	$3 \cdot 5^2$	$2^2 \cdot 19$	$7 \cdot 11$	$2 \cdot 3 \cdot 13$	79	$2^4 \cdot 5$
3^4	$2 \cdot 41$	83	$2^2 \cdot 3 \cdot 7$	$5 \cdot 17$	$2 \cdot 43$	$3 \cdot 29$	$2^3 \cdot 11$	89	$2 \cdot 3^2 \cdot 5$
$7 \cdot 13$	$2^2 \cdot 23$	$3 \cdot 31$	$2 \cdot 47$	$5 \cdot 19$	$2^5 \cdot 3$	97	$2 \cdot 7^2$	$3^2 \cdot 11$	$2^2 \cdot 5^2$

ここでは，話を逆転させて，分母が 2 と 5 だけから作られている分
数を先に求めて，その数の小数表記を電卓で計算させてみます.

まず，素因数分解の結果，所望の数は，以下の十四個になります.

2, 4=2^2, 5, 8=2^3, 10=$2 \cdot 5$, 16=2^4, 20=$2^2 \cdot 5$, 25=5^2,

32=2^5, 40=$2^3 \cdot 5$, 50=$2 \cdot 5^2$, 64=2^6, 80=$2^4 \cdot 5$, 100=$2^2 \cdot 5^2$.

それでは，電卓を用いてこれらの数の小数表現を求めましょう．

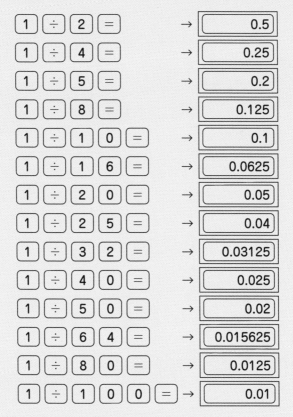

				→	
1	÷	2	=	→	0.5
1	÷	4	=	→	0.25
1	÷	5	=	→	0.2
1	÷	8	=	→	0.125
1	÷	1 0	=	→	0.1
1	÷	1 6	=	→	0.0625
1	÷	2 0	=	→	0.05
1	÷	2 5	=	→	0.04
1	÷	3 2	=	→	0.03125
1	÷	4 0	=	→	0.025
1	÷	5 0	=	→	0.02
1	÷	6 4	=	→	0.015625
1	÷	8 0	=	→	0.0125
1	÷	1 0 0	=	→	0.01

確かに，どの数も電卓の表示枠のすべてを使い切ることなく "割り切れ" ました．お見事でした．
　一方，2,5 以外の数を含む「グループ B」の場合には，数の表記が "途切れなく続く" のですが，ここで電卓を用いた結果を，そのまま信じて，「そう，その通り」と単純に言い切ることはできないのです．

469

たとえば，1/256 の分母は，256＝2⁸ と素因数の積に分解され，しかも数値2だけを含んでいますから，しっかりと割り切れて，電卓でも正確に扱えると予想されるでしょうが，実際には

$$\boxed{1}\ \boxed{÷}\ \boxed{2}\ \boxed{5}\ \boxed{6}\ \boxed{=}\ \boxed{×}\ \boxed{2}\ \boxed{5}\ \boxed{6}\ \boxed{=}$$

$$→\ \boxed{0.9999872}$$

となってしまいます．これでは，数に関する基本的な知識のない人にとっては，「グループB」の数となんら変わりがありません．

しかし，この数は，素因数分解の結果が示しているように，明らかに「グループA」の数なのです．この混乱は電卓の"桁数の少なさ"に原因があります．もし，手元に十桁か十二桁の電卓がある皆さんは試して下さい．これらの電卓では，正確に「1」に戻るはずです．

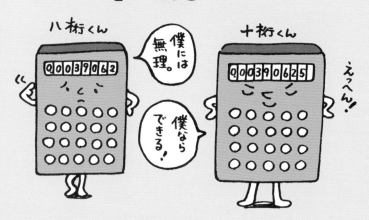

しかし，それにしても不便なものですね，こんな簡単な計算で誤差が出るなんて．"あれあれ，以前の話と矛盾してしまいました"．何事もそうですが，要するに"道具は使い方次第"ということです．

数の持つ性質や，その謎を解明するには，電卓はあまりにも無力です．一方で，具体的な数の計算が簡単にできる場合もありますから，まったく利用しない，というのも得策ではありません．

したがって，**その限界と利点を見極めて，上手に使っていくのが一番賢い計算機との付き合い方だ**，ということになります．

どうやら，「グループB」の数を扱うには，もう少し，数の理論的な面を補強していかなければ，電卓を用いた計算だけでは，その本質に迫れそうもありません．再び，手計算の必要性が痛感されますね．

次章では，電卓では処理し切れない「B」の謎に挑みます．

62 電卓の無力と手計算の威力

　今，高速道路の料金所を臨む部屋の窓から，車の流れを見ています．道路一杯を埋め尽くす車の列．どうやら大渋滞の様子です．渋滞はどこまで続いているのでしょうか．疑問に思ったことはないですか．

　たとえば，東名高速・東京料金所が見えているとしましょう．車の列は，一見大渋滞のように見えて，実は料金所だけかもしれません．いや，ひょっとすると本格的な渋滞で名古屋まで続いているのかも．それとも大阪，名神高速を経て神戸まで？

　部屋の窓から見ているだけでは，結論の出ない問題です．

　電卓の表示枠もまったく同じ，"部屋の窓"となんの変わりもありません．小数という数の列を観察するには，明らかに能力が不足しています．八桁や十桁，十二桁の表示から，その全体像を掴むことはできないのです．電卓の窓が一杯になったからといって，その数値が，本当は何桁のものなのか，調べる術はありません．

　限られた表示枠しか持たない計算機の限界です．その点，私達の頭脳は優秀です．何しろ「無限」を折り畳んでポケットに入れることさえできるのですから！

　ここでは，途切れなく続く数字の列の"正しい畳み方"をご紹介します．「グループB」に属する数の計算です．

割り算を手計算で

　さて，「グループB」の数とは，八桁の電卓の表示枠一杯を埋め尽くす，次の数のことでした．

B：$\frac{1}{3}=0.3333333$，$\frac{1}{6}=0.1666666$，$\frac{1}{7}=0.1428571$，$\frac{1}{9}=0.1111111$．

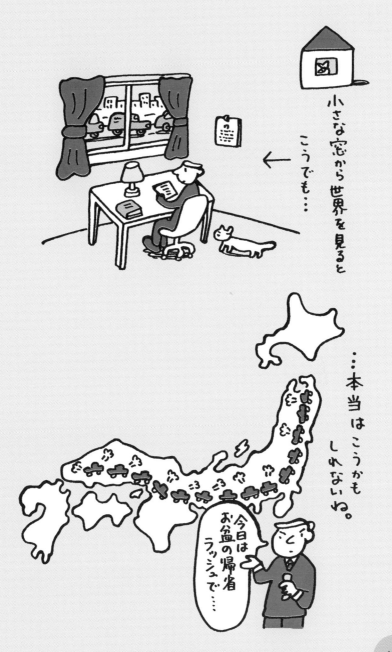

これは，以下に示す電卓のキー操作から得られました．

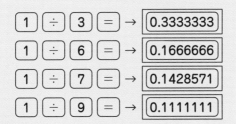

$$1 \div 3 = \rightarrow \boxed{0.3333333}$$
$$1 \div 6 = \rightarrow \boxed{0.1666666}$$
$$1 \div 7 = \rightarrow \boxed{0.1428571}$$
$$1 \div 9 = \rightarrow \boxed{0.1111111}$$

電卓で実体が掴めないのなら，手を使い，頭を絞って，数と格闘するしかありません．まずは，1/3 が相手です．1/3 とは，1÷3 のことでした．さあ，紙と鉛筆を用意して，"八桁" なんて小さなことは言わずに，どんどん計算していきましょう．

さて，ノート一杯に「3」の列が並びましたか．

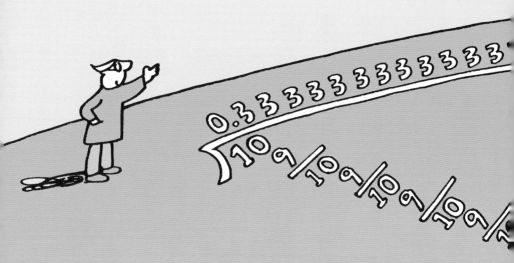

　これはどこまで続けても，同じ計算の繰り返しになります．一桁下に降りて 10 を作れば，3×3＝9 で 3 が上に書かれ，その差 1 が余りとなり，さらに一つ下に 10 を作っていく——この繰り返しです．

　要するに，「3」で割った結果は，常に余り「1」となるので，これ以上計算を続けなくても "以下同様" といえる，すなわち，この分数は，小数点以下に「3」が無限に並ぶ数だということなのです．

　このような性質を持った小数を「**無限循環小数**」，あるいは単に「**循環小数**」と呼びます．数の列が有限個に留まる場合は，「**有限小数**」と呼びます——「グループ A」の数，1/4＝0.25 などがその例です．

　循環小数は，無限に続く，というその特徴を明瞭に示すために，記号「…」を数の最後に付けて書きます．

$$\frac{1}{3} = 0.33333333333333333333333333333333333333333333\cdots.$$

どれだけたくさん「3」を並べても，何しろ相手は"無限"ですから，意味はありません．したがって，普通はもっと少なく書きます．「同じ数が並んでいますよ」ということが，明確に示されれば，それでよいわけですから，繰り返しの数の上に「黒丸」を付けて

$$\frac{1}{3} = 0.\dot{3}$$

と簡潔に書く流儀もあります．

また，123456789 という数字の列が，繰り返し無限に続く循環小数：

0.123456789123456789123456789123456789123456789···

ならば，繰り返しのはじめと終わりの数字の上にだけ黒丸を付けて

0.$\dot{1}$23456789$\dot{9}$.

と書きます．そして，この一つの数の集団 123456789 を「循環節」と呼び，その数の個数を「循環節の長さ」といいます．

この場合，循環節の長さは9になります．数の精密な取り扱いの上で，この表記法は欠かせませんので，今から慣れておいて下さい．

以上で，1÷3は，0の後に3が無限に続く循環小数であることが分かりました．ところが，電卓の狭い世界が示してくれるのは

$$\boxed{1} \div \boxed{3} = \rightarrow \boxed{0.3333333}$$

という八桁の数値まででした——この枠の次に来る数は分かりませんでした．今，皆さんは，こうした狭い世界をすり抜けて，1/3の"本当の姿"を，無限に続くこの数の本質を掴まえたわけです．

「余り」を調べる

　これで皆さんは，電卓では決して得られない，数の本質に迫る方法を得たわけです．手計算で行う「割り算」の大事さが分かりましたか．

　ここで，「割り算」とその「商」「余り」の関係を，もう一度，復習しておきましょう．

　まずは，割る数を3として計算をしてみます．

$$
\begin{aligned}
3 \div 3 &= 1 \quad \text{余り } 0, \\
4 \div 3 &= 1 \quad \text{余り } 1, \\
5 \div 3 &= 1 \quad \text{余り } 2, \\
6 \div 3 &= 2 \quad \text{余り } 0, \\
7 \div 3 &= 2 \quad \text{余り } 1, \\
8 \div 3 &= 2 \quad \text{余り } 2, \\
9 \div 3 &= 3 \quad \text{余り } 0, \\
&\vdots
\end{aligned}
$$

→ **余りは 0,1,2 の繰り返し**

　このように，計算結果を並べますと，面白いことに気が付きます．「余り0」というのは，通常"割り切れた"という言葉で表現しますね．また，もし余りが3ならば，さらにもう一回割り算ができて，商が1だけ増え，その結果"割り切れる"わけですから，結局これも「余り0」ということになります

　よって，割る数が3の場合，その余りは，{0,1,2}の三種類に限定され，特に割り切れない計算の場合には，{1,2}の二種類しか登場しないことになります．先の1/3の計算の場合，その中の「余り1」が，どこまでも続く形になったわけですね．

　同様にして，6で割る場合はどうでしょうか，

477

$$6 \div 6 = 1 \quad 余り \ 0,$$
$$7 \div 6 = 1 \quad 余り \ 1,$$
$$8 \div 6 = 1 \quad 余り \ 2,$$
$$9 \div 6 = 1 \quad 余り \ 3,$$
$$10 \div 6 = 1 \quad 余り \ 4,$$
$$11 \div 6 = 1 \quad 余り \ 5,$$
$$12 \div 6 = 2 \quad 余り \ 0,$$
$$\vdots$$

→ **余りは 0,1,2,3,4,5 の繰り返し**

余りは $\{0,1,2,3,4,5\}$ の六種類であることが分かりました.

よって,余りが 0 である "割り切れる" 場合を除きますと,3 で割った場合には $\{1,2\}$ の二種類,6 で割った場合には $\{1,2,3,4,5\}$ の五種類が,"得られる余りのすべて" となることが分かりました.

どうやら,**割り切れない場合には,余りは,割る数よりも 1 だけ少ない個数しか存在することができないようです.**

具体的に計算して確かめましょう.右頁を見て下さい.この場合,はじめに「余り 1」,そしてその後は「余り 4」の繰り返しですから

$$\frac{1}{6} = 0.166666666666666666666\cdots, \quad あるいは \quad \frac{1}{6} = 0.1\dot{6}$$

より,1÷6 は無限循環小数となることが分かりました.

先にも述べましたように,割り算においては,割る数より一つ小さい数までの「余り」が "存在する可能性" がありますが,1/3,1/6 のように,実際に **"すべての種類の余り"** が順番に登場するわけではありません――この問題は次章でも調べます.

さて，これで第60章で挙げた問題は解決しましたね．すなわち

$$\boxed{0.1666666\ 66666666\cdots} \Rightarrow \boxed{0.1666666}$$

ですから，八桁電卓では，内部で九桁目以降の「切り捨て」を行っていることが分かります．ただし，用いる電卓，およびキーを押す順番によって，結果が異なる場合があります（これは一例です）．

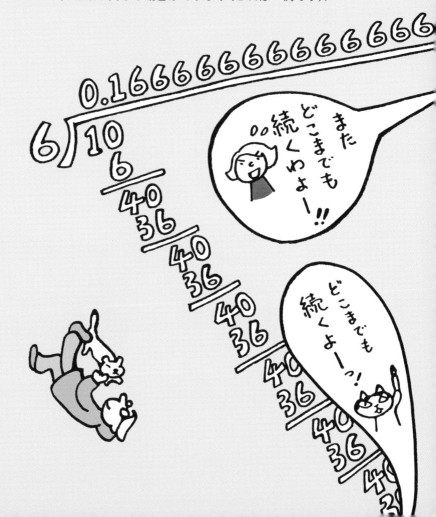

63 目で楽しむ循環小数

　自然数を分母に持つ単位分数を，「A」「B」，二つのグループに分けて，その性質を調べてきました．特に，「グループB」の数は，以下に示すように，電卓の表示枠を一杯に埋め尽くしました．

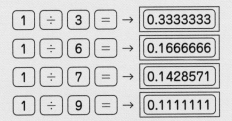

$$1 \div 3 = \rightarrow \boxed{0.3333333}$$
$$1 \div 6 = \rightarrow \boxed{0.1666666}$$
$$1 \div 7 = \rightarrow \boxed{0.1428571}$$
$$1 \div 9 = \rightarrow \boxed{0.1111111}$$

　もちろん，これらの結果は，"手計算の割り算"によっても求められるわけですが，電卓を用いた計算との違いは何でしょうか．

電卓と手計算の違い

割り算を楽しもう

割り算では，**割る数より一つ小さい数までの「余り」が"存在する可能性"があります**が，1/3,1/6 の計算のように，実際に"すべての種類の余り"が順番に登場するわけではありませんでした．

ところが，1/7 は可能な余りである 1,2,3,4,5,6 がすべて現れます．こういった計算の本質的なところを知るためには，電卓による数の処理はまったく不向きです．手計算，筆算の出番です．

$$
\begin{array}{r}
0.1428571\cdots \\
7{\overline{)}\,}10 \\
7 \\
\hline
30 \\
28 \\
\hline
20 \\
14 \\
\hline
60 \\
56 \\
\hline
40 \\
35 \\
\hline
50 \\
49 \\
\hline
1 \\
\end{array}
$$

二段目：余り 3 →
三段目：余り 2 →
四段目：余り 6 →
五段目：余り 4 →
六段目：余り 5 →
七段目：余り 1 ←

すべての余り 1,2,3,4,5,6 が確認できましたか．

この計算は，もうこれ以上続ける必要はありません．

何故なら，割られる数として定められた最上段の「1」が，最下段に再び余りとして登場したからです．よって，この後は同じ計算の繰り返しになります．以上のことから，1÷7 は，循環節の長さが6の無限循環小数 0.14285̇7̇ であることが分かりました．

この性質を疑う人は，納得するまで，どんどん自分で計算を続けて下さい．どんな偉い人の説明を聞くよりも，本を何冊読むよりも，自分で計算することが一番尊いことなのです．

そうした行為を徹底的にやり通した人だけが，本物の理解に至ります．遠慮せず，面倒くさがらず，思い切って計算をして下さい．

回る分数の秘密

ところで，分数 1/7 を二倍，三倍，... すると

$$1 \times \frac{1}{7} = 0.142857142857\cdots = 0.\dot{1}4285\dot{7},$$

$$2 \times \frac{1}{7} = 0.285714285714\cdots = 0.\dot{2}8571\dot{4},$$

$$3 \times \frac{1}{7} = 0.428571428571\cdots = 0.\dot{4}2857\dot{1},$$

$$4 \times \frac{1}{7} = 0.571428571428\cdots = 0.\dot{5}7142\dot{8},$$

$$5 \times \frac{1}{7} = 0.714285714285\cdots = 0.\dot{7}1428\dot{5},$$

$$6 \times \frac{1}{7} = 0.857142857142\cdots = 0.\dot{8}5714\dot{2}$$

となり，数の並びが"巡回"します——第27章で採り上げた「巡回数」を思い出して下さい．このような性質を持った分数の中では，1/7 は一番小さい分母を持っています．

しかし，何故このような現象が生じるのでしょうか.

もう一度，1/7の筆算を見て下さい．そこには可能な余りである1から6までの数字が，**3,2,6,4,5,1**という順番で登場しています.

この計算は

余りが**3**である二段目から下の計算は**3÷7**のように，
余りが**2**である三段目から下の計算は**2÷7**のように，
余りが**6**である四段目から下の計算は**6÷7**のように，
余りが**4**である五段目から下の計算は**4÷7**のように，
余りが**5**である六段目から下の計算は**5÷7**のように，
余りが**1**である最終段から下の計算は**1÷7**のように

見えるはずです．以上を逆に考えれば，1/7,2/7,3/7,4/7,5/7,6/7の小数表記を求める計算は，内容的にはまったく同一のものであり，単に数字の並びがズレているだけの計算であることが分かります.

これが"回る分数"の秘密です.

さて，循環小数とは，文字通り数字が循環する数ですから，それに見合った記法が欲しいところです．そこで，次のようなものを考えました．コロコロ回る一輪車のような数字の並びを楽しんで下さい.

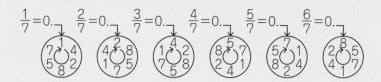

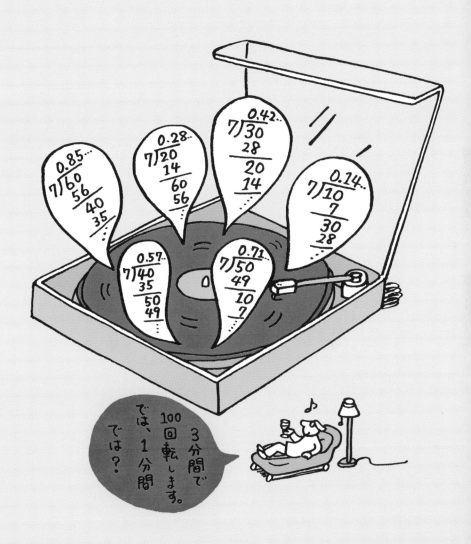

先の 1/3 のように循環する数が，一つしかない場合には

$$\frac{1}{3} = 0.\quad \text{あるいは} \quad \frac{1}{3} = 0.\textcircled{3}$$

$$\textcircled{3}$$

などとすればよいでしょう．

　ただし，これらは本書独自のものであり，一般に認められた記法ではありませんので，学校のテストなどで，なんの断りもなしに書いてしまうと，先生がビックリして目を回すだけで，決して点数にはなりませんから注意して下さい．

　回る分数，次に分母の小さい数は，1/17 で

$$\frac{1}{17} = 00588235294117647\cdots$$

となります．転がしてみましょうか．十六種類の余りに対応して

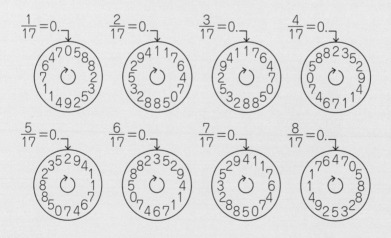

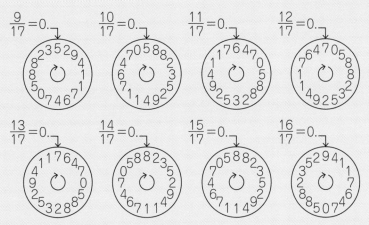

と並びました。庭に咲いた十六本のひまわりのようです——「鶏頭の十四五本もありぬべし」という正岡子規の俳句を思い出します。

　皆さんは、サイコロの表裏の数を足し合わせると、必ず「7」になることを知っていますか。循環小数をこのような形に表しますと、**真正面の数同士を足し合わせた結果は、必ず「9」になります**。この意味で上の表記は、風変わりな"正十六角形のサイコロ"と呼べるでしょう。

分母が 100 までの単位分数では

$$\frac{1}{19}, \frac{1}{23}, \frac{1}{29}, \frac{1}{47}, \frac{1}{59}, \frac{1}{61}, \frac{1}{97}$$

が"回る分数""変わりサイコロ"になります.

　特に，1/97 は九十六種類の余りがすべて登場する華やかなものとなります. 余りがどのような順番で登場してくるか，クラスのみんなで分担して，計算しても楽しいでしょう.

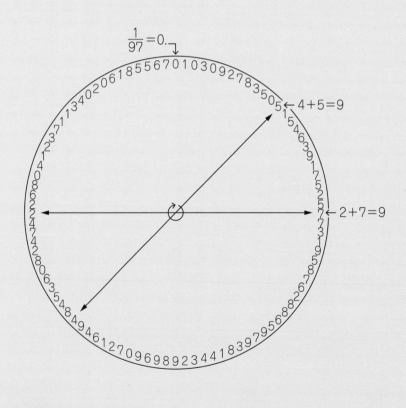

もちろん，一人で挑戦してもかまいません．
　史上最高の大数学者ガウスは，少年時代から循環小数の計算が大好きで，来る日も来る日も飽きることなく計算を続け，数に対する知識を増やし，経験を積んでいきました．そして，そうした生の体験を基にして，様々な数の性質を生涯に渡って発見し続けたのです．

　皆さんもガウスのようにはじめて下さい．すぐに"自分がガウスではないこと"に気が付くかもしれません．それでもかまいません．
　数に対する感覚を磨き，一見単調に見える作業の中から楽しみを見出す方法を知ったとき，そこには本物の充実感と，達成感があるのです．決して言い訳をせず，他人に頼らない，独立独歩の精神が養われます．たとえ，ガウスにはなれなくても．

64 小数から分数へ

　筆算にしても，電卓を利用するにしても，与えられた分数を小数に直すことは，単純な作業でした．ここではその逆，すなわち，小数を分数に直す方法について考えます．分数も小数も"一つの数の表現"ですから，相互の変換ができなければ，宝の持ち腐れになってしまいます．どちらか一方だけでは，威力が半減してしまうのです．

有限小数の場合

　与えられた小数が有限小数の場合ならば，話は非常に簡単です．たとえば，次の二つの小数について考えましょう．

$$0.24, \quad 0.123456.$$

　まずは，0.24 から．十倍を二回繰り返し，それをまとめますと

$$0.24 \times 10 = 2.4, \quad 2.4 \times 10 = 24 \quad \rightarrow \quad 0.24 \times 10^2 = 24$$

というように，十倍するごとに，小数点以下の数字は一つ上へ繰り上がります．この性質を利用して，小数点以下のすべての数字を繰り上げ，自然数にしてしまえば作業の大半は終わります．

　両辺を10^2で割り算し，分子・分母の素因数分解をして，可能な約分をすれば，小数から分数への変換作業は完了します．すなわち

$$0.24 = \frac{24}{10^2} = \frac{2^3 \times 3}{2^2 \times 5^2} = \frac{2 \times 3}{5^2} = \frac{6}{25}.$$

　検算は簡単です．電卓を用いましょう．

$$\boxed{6} \div \boxed{2} \boxed{5} = \rightarrow \boxed{\quad 0.24 \quad}$$

確かに 0.24 が再現されていますね．

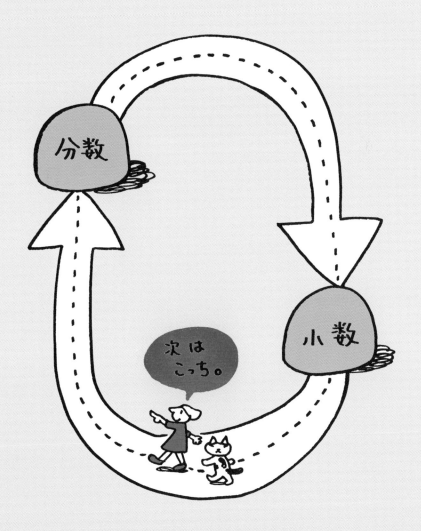

この問題から明らかなように，小数点以下にある数字の個数だけ，10 を掛け合わせれば，自然数にまで繰り上がるわけですから，小数点以下六位まで数字のある 0.123456 の場合なら，10^6 を掛け算して

$$0.123456 \times 10^6 = 123456 \quad \rightarrow \quad 0.123456 = \frac{123456}{10^6}$$

となります――これで，一応の"分数化"には成功したわけです．

既約分数にするために行う分子・分母の素因数分解が難しそうであれば，ユークリッドの互除法を用います．この分数の場合は，見当を付けて求めるには，少々大きな素数 643 を含んでいるため，互除法を用いた方が安心かもしれません．その結果は

$$\frac{123456}{10^6} = \frac{2^6 \times 3 \times 643}{2^6 \times 5^6} = \frac{3 \times 643}{5^6} = \frac{1929}{15625}$$

となります．皆さんも電卓で確認して下さい．

$$\boxed{0.123456}$$

が出ましたか．

さて，物の割合を表すために，「**百分率**」という考え方がよく使われます．「**パーセント記号 %**」と呼ばれるものを用いて，全体である 1 を，100% とする方法です．「10% が 0.1」「1% が 0.01」となります．

一方，我が国独特の方法として，「**歩合**」と呼ばれる，"全体を十割"とする表し方があります．「**一割**が 0.1」「**一分**が 0.01」「**一厘**が 0.001」「**一毛**が 0.0001」「**一糸**が 0.00001」……と順に 1/10 の割合で減少していきます．「割」「分」は，皆さんも聞いたことがあるでしょう．

この歩合の例として，野球における「**打率**」（＝ 安打数/打数）について考えてみましょう．打率「**三割四分三厘七毛五糸**」の打者がいるとします——百分率では，34.375% ですね．

ところで，この好打者は何打数・何安打なのか，求めてみましょう．

三割四分三厘七毛五糸

$$=3×0.1+4×0.01+3×0.001+7×0.0001+5×0.00001$$

$$=0.34375$$

ですから，小数 0.34375 を分数に直す問題と考えられます．そこで

$$\frac{34375}{100000}=\frac{5^5×11}{5^5×2^5}=\frac{11}{32}$$ より，32 打数・11 安打

という既約分数を得ます——もし，五十打数以下という制限があれば，これが答です．一般的には，この倍数に答の可能性があります．

$$打率=\frac{安打数}{打数} \rightarrow \frac{22}{64},\ \frac{33}{96},\ \frac{44}{128},\ \frac{55}{160}\cdots$$

循環小数の場合

次に，循環小数の問題を考えます．

一番簡単な循環小数 $0.\dot{3}$ からはじめます．循環小数の場合には，"**互いに打ち消し合う**" という言葉が鍵になります．それは無限を束ねるために必要な技術なのです．**さて，何が何を打ち消すのでしょうか．**

まず，私達にとって何が面倒なのか，を考えてみましょう．そうです，無限に続く333…の列が邪魔なのです．

$$0.\dot{3}=0.3333333333333\cdots$$

これを処理しない限り，先へは進めません．"毒を以て毒を制す"という諺がありますが，無限を押さえ込むには，有限のものでは"足りません"．そこで，もう一つ無限を持ち込みましょう．

与えられた小数を十倍します．

$$10 \times 0.\dot{3} = 3.3333333333333\cdots = 3.\dot{3}.$$

小数点が一つズレました．しかし，3の列が無限に続いていくことには，何の変わりもありません．

そこで，以上の二つの式を引き算してみましょう．

無限に続く3の列は何倍しようと，その様子はまったく変わりません．それが「無限」というものです．したがって，二式の小数点以下は，**完全に同一のもの**となります．

よって，以下の計算：

$$
\left.\begin{array}{rcr}
10 \times 0.\dot{3} & \longleftrightarrow & 3.3333333333333\cdots \\
-)\quad\ \ 0.\dot{3} & \longleftrightarrow & -)\ 0.3333333333333\cdots \\
\hline
9 \times 0.\dot{3} & \longleftrightarrow & 3
\end{array}\right\} \to 9 \times 0.\dot{3} = 3
$$

が可能となります．右端の結果，その両辺を 9 で割り算して

$$
0.\dot{3} = \frac{3}{9} = \frac{1}{3}
$$

を得ました．これが二つの無限を使った効果です．

これで，もはや確かめる必要もない，皆さんよく御存知の結果：

$$
\boxed{1}\ \boxed{\div}\ \boxed{3}\ \boxed{=}\ \to\ \boxed{0.3333333}
$$

が再現されました．

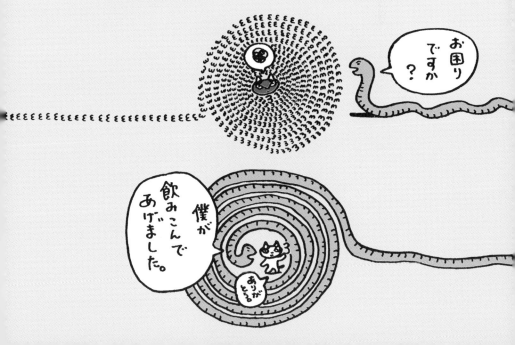

次の例題は

$$0.\dot{1}4285\dot{7} = 0.142857142857142857\cdots$$

です．これも慣れ親しんだ数字ですね．

ちゃんと結果が再現できますか．これは「循環節の長さ 6」の循環小数ですから，消し合わせるためには，10^6 倍すればよさそうですね．

$$10^6 \times 0.\dot{1}4285\dot{7} = 142857.142857142857142857\cdots$$

二式を引き算して，以下の結果を得ます．

$$
\begin{array}{lcl}
1000000 \times 0.\dot{1}4285\dot{7} & \longleftrightarrow & 142857.142857142857142857\cdots \\
-)\ 0.\dot{1}4285\dot{7} & \longleftrightarrow & -)\quad 0.142857142857142857\cdots \\
\hline
999999 \times 0.\dot{1}4285\dot{7} & \longleftrightarrow & 142857
\end{array}
$$

僕のママの無限循環

体重 → ダイエット → おなかすいた。 → ケーキ → お茶 → 体重

これより，$999999 \times 0.\dot{1}4285\dot{7} = 142857$ となるので，両辺を 999999 で割り算して

$$0.\dot{1}4285\dot{7} = \frac{142857}{999999} = \frac{1}{7}$$

が得られました．電卓では

$$\boxed{1} \quad \boxed{\div} \quad \boxed{7} \quad \boxed{=} \quad \rightarrow \quad \boxed{0.1428571}$$

となります．これで結果の正しさが確認できました．

65 分数の四則計算

　ここまでに行った分数計算に関する"体験的法則"を，電卓を利用して数値的に確かめてみましょう．また，これまで調べなかった，分数同士の加減の法則を，数値を手掛かりにしながら考えていきます．

分数の乗除・その確認

　皆さんは，電卓を自由に使えます．また，そこから得た結果にも，相当の信頼をおいているでしょう．そこは"八桁の小数"の世界です．

　さらに，分数と小数の二つの世界を，自在に往来できるようになりました．繰り返し述べていますように，これらは共に「数」を表す一つの手段であり，矛盾無く両立してこそ，存在意義があるのです．

　すなわち，**電卓による結果は，分数計算においても同様に成立しなければなりません**．片方だけでは，とても実用にはなりません．

　二つの分数 1/4, 1/5 を例に採り，それを電卓を用いて計算します．小数の世界で計算された結果が，分数の世界ではどのように表現されるのか．本当に両者には矛盾が無いのか．順に確かめていきます．

$$\frac{1}{5} = \boxed{\begin{array}{c} 0.2 \\ \hline \boxed{1} \div \boxed{5} = \end{array}} \qquad \frac{1}{4} = \boxed{\begin{array}{c} 0.25 \\ \hline \boxed{1} \div \boxed{4} = \end{array}}$$

この二つの小数を，電卓を用いて掛け算しますと

$$0.2 \times 0.25 = \boxed{\begin{array}{c} 0.05 \\ \hline \boxed{0}.\boxed{2} \times \boxed{0}.\boxed{2}\boxed{5} = \end{array}}$$

となります——結果を示す枠の下に，キー操作の手順を書きました．

電卓と分数は、本当に同じ答を出しているのだろうか 裁判。

さて，分数を用いた計算においても，同じ結果が導かれなければなりません．今度は分数同士を掛け算します．分数同士の掛け算は，互いの分子同士，分母同士を掛け算する，ということになっていました．

分数を掛け算した後，その結果を再び電卓で計算しますと

$$\frac{1}{5}\times\frac{1}{4}=\frac{1\times1}{5\times4}=\frac{1}{20}\ \rightarrow\ \frac{1}{20}=\boxed{\begin{matrix}0.05\\ \boxed{1}\div\boxed{2}\boxed{0}=\end{matrix}}$$

となります．確かに，小数による直接の計算も，分数による計算も，同じ数値0.05を与えることが分かりました．

分数同士の割り算は，逆数の掛け算——手続きとしては，割る方の分子・分母を入れ換えた分数を掛ける——により実行されました．

これも確かめてみましょう．まずは電卓による計算から．

$$0.2\div0.25=\boxed{\begin{matrix}0.8\\ \boxed{0}.\boxed{2}\div\boxed{0}.\boxed{2}\boxed{5}=\end{matrix}}$$

続いて，分数を用いて計算を行い，結果を電卓で小数に直しますと

$$\frac{1}{5}\div\frac{1}{4}=\frac{1}{5}\times\frac{4}{1}=\frac{1\times4}{5\times1}=\frac{4}{5}\ \rightarrow\ \frac{4}{5}=\boxed{\begin{matrix}0.8\\ \boxed{4}\div\boxed{5}=\end{matrix}}$$

となります．両者とも0.8となり，この場合も一致しました．

以上，分数における乗除の法則が小数の計算と矛盾しないこと，その例を電卓を利用して確かめました．

特殊な例で成り立っても，一般的には何の保証にもなりませんが，結論を先取りすれば，ここで述べた分数の計算法則は，すべての場合に成り立ちます．**本書では，手順を暗記するのでも，証明を追い掛けるのでもなく，実例を体験して貰うこと，数に対する感覚を養い，基本的な法則に対する親しみを持って貰うことを主眼としているため，**このような方法を採っているのです．興味を持った皆さんは，是非ともより深い数学の研究へと歩を進めて下さい．

分数の加減：その方法

続いて，足し算を行います．例によって，まずは小数から．

$$0.25 + 0.2 = \boxed{\begin{array}{c} 0.45 \\ \hline 0.25+0.2= \end{array}}$$

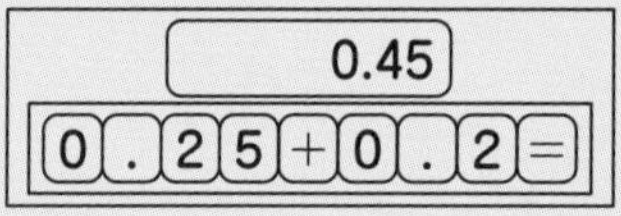

さて，困りました．分数同士の足し算の法則については，本書ではまだ何も調べていませんでした．**ただ一つだけ明瞭であることは，そ**の答が「小数で 0.45」になるということだけです．

まずは，これを分数に直してみましょう．何かヒントが得られるかもしれません．

$$0.45 = \frac{45}{100} = \frac{9}{20}.$$

これより，次の図式が成り立ちます．

$$
\begin{array}{ccccc}
0.25 & + & 0.2 & = & 0.45 \\
\parallel & & \parallel & & \parallel \\
\dfrac{1}{4} & + & \dfrac{1}{5} & \overset{?}{\leftrightarrow} & \dfrac{9}{20}
\end{array}
$$

この図式の中で，分数同士をつないでいる記号「$\overset{?}{\leftrightarrow}$」が問題です．この部分は，小数による計算が示しているように，**数値的には「等号」で結ばれるべきもの**ですが，一体どのような法則によって，左辺の二つの分数が右辺と等しくなるのでしょうか．

この段階で，分数の足し算の法則が，分子同士，分母同士を足すものでないことだけは分かりました．何故なら

$$\frac{1}{4} + \frac{1}{5} \rightarrow \frac{1+1}{4+5} = \frac{2}{9} \neq \frac{9}{20}$$

となり，小数計算の結果と矛盾するからです．もし，こんな計算を認めてしまったら，次のような悲惨なことも可能になってしまいます．

$$\underset{???}{0.75 = \frac{3}{4} \rightarrow \frac{1+2}{2+2} \rightarrow \frac{1}{2} + \frac{2}{2} = 0.5 + 1 = 1.5}$$

　こうした法則を苦しまぎれに作り上げて，「何故これではいけないのか」と考える人がいるようです．これもあまり好ましい疑問の持ち方とはいえません．数学は，もっとも自由な学問ですが，自己矛盾だけは許されません．数の計算法則をどのように定義してもかまいませんが，矛盾したものは存在の意味を失います．

　「何故いけないのか」に対する答は簡単です．それが**小数との対応関係に矛盾を起こすからです**．学問に新しい内容を付け加えるためには，それまでに存在したものと矛盾無く，相互の関連を付けることが必要なのです．それが学問の難しさであり，面白さなのです．

　では，どのような法則が必要なのでしょうか．先の式の右辺，9/20の意味に戻って考えます．これは，全体を二十分割した際の，九つ分という意味を持っていますね．したがって，この数と比較するためには，1/4 も 1/5 も，全体を 20 と見なした状態で比べたいわけです．

それは間違いです！

そこで，二十分割の中のいくつの部分を占めるか，ということを両分数について調べましょう. そのために，「1 の変形」を用います——**以後，この意味で掛け算される「1」を枠で囲んで強調します.**

分母を 20 に調整するわけですから，それぞれ

$$\boxed{\frac{5}{5}} \times \frac{1}{4} = \frac{5 \times 1}{5 \times 4} = \frac{5}{20}, \quad \boxed{\frac{4}{4}} \times \frac{1}{5} = \frac{4 \times 1}{4 \times 5} = \frac{4}{20}$$

とすればよいでしょう.

これで比較ができるようになりました.「1/4 は二十分割の中では五つ分」を占め，「1/5 は二十分割の中では四つ分」を占める，ということが分かったわけです. したがって，以下の書き換えが可能です.

$$\frac{1}{4} + \frac{1}{5} = \frac{5}{20} + \frac{4}{20}$$

すでに示しましたように，分母が共通する二つの分数は，分子同士の足し算によって，和が定まります——これは，分数の元々の意味に沿えば分かることです. また，この足し算の結果は 9/20 になる，というのが電卓による小数計算によって得られた結論でした.

よって，分数の本来の意味からも，数値的な面からも，計算法則：

$$\frac{5}{20} + \frac{4}{20} = \frac{5+4}{20} = \frac{9}{20}$$

が成り立っている，というわけです.

また，これに先立つ作業として，「共通の分母を作る」ということがありました. 今，上の計算が認められたわけですから，逆にたどっていきましょう，まるで動画を逆回しに見るように.

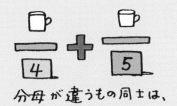

分母が違うもの同士は、

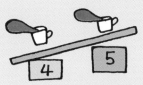

そのままでは足し算できない。

$$\frac{9}{20} = \frac{5+4}{20} = \frac{5}{20} + \frac{4}{20}$$

$$= \frac{5\times1}{5\times4} + \frac{4\times1}{4\times5}$$

$$= \boxed{\frac{5}{5}} \times \frac{1}{4} + \boxed{\frac{4}{4}} \times \frac{1}{5} = \frac{1}{4} + \frac{1}{5}.$$

以上で，分数同士を足す，その方法が明らかになりました．

　まとめましょう．二つの分数を足し合わせるには，基準を同じにしなければなりません．それは共通の分母を作る，という作業で実現されます．**共通の分母を作るためには，"両方の分母の言い分"を聞かなければなりません．**この場合でしたら，4という数字も，5という数字も，共に素因数として含むような数を選ぶ必要があるわけです．

　そのもっとも簡単な決め方は，両者を掛け算することです．実際，この場合では 20＝4×5 となっています．このように二つの数字の共通の倍数となる数を，「**公倍数**」と呼びます．言い換えれば，共通の分母を作るためには，両分母の公倍数を導けばよい，ということになります．それができれば，後は分子同士の足し算になります．

　実は，分数の引き算——減法の法則——もまったく同じ手続きで求められます．異なる所は，共通の分母を作った後，分子同士の引き算になる，という点だけです．具体的には以下の図式：

$$
\begin{array}{ccccc}
0.25 & - & 0.2 & = & 0.05 \\
\| & & \| & & \| \\
\frac{1}{4} & - & \frac{1}{5} & \overset{?}{\longleftrightarrow} & \frac{1}{20}
\end{array}
$$

における分数間の関係を定めることにより得られます.

　これは，足し算の場合とまったく同様に扱うことができ，分母を同じくする分数の，分子同士の引き算により与えられます.

$$\frac{1}{4} - \frac{1}{5} = \boxed{\frac{5}{5}} \times \frac{1}{4} - \boxed{\frac{4}{4}} \times \frac{1}{5}$$

$$= \frac{5 \times 1}{5 \times 4} - \frac{4 \times 1}{4 \times 5}$$

$$= \frac{5}{20} - \frac{4}{20} = \frac{5-4}{20} = \frac{1}{20}.$$

以上で，分数同士の加減ができるようになりました.

　皆さんは，分数の計算を行う場合にも，横に電卓を置いて，結果をいつも数値的に確かめるようにして下さい. 分数を直接扱うことができない電卓でも，**その計算の真偽を判断することだけはできるのです**. 電卓君も，なかなか "好い先生" ではないでしょうか.

「判決」

電卓も、役に立つ！

66 通分と公倍数

ようやく分数同士の加減ができるようになりました．その要点は共通の分母を作ることにありました．この作業を「**通分**」と呼びます．

通分された二つの分数は，分子同士の加減によって値が定まります．要するに，加減の最重要ポイントは，通分にあったわけです．

分数計算の再確認

問題を解きながら，通分に関して，もう少し深く考えてみましょう．

まずは，1/2 と 1/3 を足します．共通の分母作り，すなわち，"通分の鍵" は，分母同士の積でしたから，この場合 2×3＝6 となります．そこで，両分母に，6 を目指した「1 の変形」を行います．

$$\frac{1}{2} + \frac{1}{3} = \boxed{\frac{3}{3}} \times \frac{1}{2} + \boxed{\frac{2}{2}} \times \frac{1}{3} = \frac{3 \times 1}{3 \times 2} + \frac{2 \times 1}{2 \times 3} = \frac{3}{6} + \frac{2}{6} = \frac{5}{6}.$$

結果を電卓による小数計算を利用して確認しましょう．

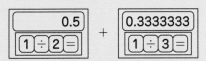

この二つの小数を足し算すれば，"八桁に制限された結果" として

$$0.5 + 0.3333333 = 0.8333333$$

が得られます．この結果と，単純に 5/6 を求めたものが矛盾しなければよいわけですが

となりますので，"一応の一致"は見られました．

しかし，これではまだ不十分です．1/3 は手計算により無限循環小数 0.3̇ であることを知っていますが，5/6 については，八桁目以降に何が起こるのかを知りません．九桁目で割り切れるのか，それ以降も続くのか，電卓の表示枠の外側のことは分からないのです．そこで，この分数に関しても手計算を行い，全体を把握する必要があります．

そこで，手計算によって，余りの動きを調べますと，5/6 も確かに無限循環小数で，0.83̇ となることが分かります——これは 1/6 が無限循環小数 0.16̇ であることから予期されたことではありましたが．

では，この小数を分数に戻しましょう．与えられた数を十倍して，二つの数の"無限同士"を競わせます．

$$
\left.
\begin{array}{ll}
10 \times 0.8\dot{3} & \longleftrightarrow \quad 8.3333333333333\cdots \\
\underline{-)\quad\quad 0.8\dot{3}} & \longleftrightarrow \quad \underline{-)\ 0.8333333333333\cdots} \\
9 \times 0.8\dot{3} & \longleftrightarrow \quad 7.5\ (=8.3-0.8)
\end{array}
\right\} \to 9 \times 0.8\dot{3} = 7.5
$$

よって，この小数は

$$
0.8\dot{3} = \frac{7.5}{9} = \boxed{\frac{2}{2}} \times \frac{7.5}{9} = \frac{15}{18} = \frac{5}{6}
$$

となり，はじめに行った分数計算の正しさが示されました．

公倍数を探せ

次の問題に取り掛かりましょう．1/2 に 1/4 を足します．

これまでと同様に，「1 の変形」を利用した通分からはじめます．

$$\frac{1}{2}+\frac{1}{4}=\boxed{\frac{4}{4}}\times\frac{1}{2}+\boxed{\frac{2}{2}}\times\frac{1}{4}=\frac{4\times1}{4\times2}+\frac{2\times1}{2\times4}=\frac{4}{8}+\frac{2}{8}=\frac{6}{8}.$$

通分には成功し，答も求まりました．何も文句はありません．ただ，既約分数を求める立場からは，上の結果はものたりませんね．分子・分母に共通する素因数 2 を除去して，3/4 としたいところです．

あるいは，この場合のように，一方の分母が，明らかにもう一方の分母の倍数であるときには，約数側の分母が，倍数側の分母にしたがえばよいのです．すなわち，2 の倍数である相手側の分母「4」に狙いを定めて，共通の分母作りを目指すのです．そうすれば，計算は

$$\frac{1}{2}+\frac{1}{4}=\boxed{\frac{2}{2}}\times\frac{1}{2}+\frac{1}{4}=\frac{2\times1}{2\times2}+\frac{1}{4}=\frac{2}{4}+\frac{1}{4}=\frac{3}{4}$$

となり，既約分数の状態で答が求まります．

ところが，こうした細かい技術的なことにこだわっても，あまり意味がありません．先の方法のように，あっさりと両方の分母同士を掛け合わせて共通の分母とする方が，はるかに確実で安心です．

そして，足し合わせた後で，もし約分ができればそれを行い，既約分数の形に直せばよいのです．**分数の足し算・引き算でもっとも難しい部分が，通分にあるのだとしたら，その部分を切り抜けることが最重要の課題であって，約分のことは後で考えればよいのです．**

実際的な立場からは，別に既約分数でなくても，正しい値は求められます．6÷8 も 3÷4 も電卓は共に 0.75 と答えます．前もって複雑に考えすぎて，間違ってしまえば，元も子もありません．

512

たとえば，次の問題はどうでしょうか．

$$\frac{2}{391} + \frac{3}{437}.$$

両分数とも既約分数ですから，それ自体を簡単にすることはできません．両分母も約数・倍数の関係にあるわけでもありません．

ここは正直に，両分母を掛け合わせた $391 \times 437 = 170867$ を共通の分母として通分するのがよさそうです．やってみましょう．

$$\frac{2}{391} + \frac{3}{437} = \boxed{\frac{437}{437}} \times \frac{2}{391} + \boxed{\frac{391}{391}} \times \frac{3}{437}$$

$$= \frac{437 \times 2}{437 \times 391} + \frac{391 \times 3}{391 \times 437}$$

$$= \frac{874}{170867} + \frac{1173}{170867}$$

$$= \frac{874 + 1173}{170867} = \frac{2047}{170867}.$$

答が求まりました．以上の計算に間違いがなければ，まずは"成功"といったところです．ただ，この分数が既約であるかどうかは，ちょっと分かりませんね．こんなときこそ，「**ユークリッドの互除法**」の出番です．二数 170867, 2047 に対して互除法を適用しましょう．

$$170867 = 83 \times 2047 + 966,$$

$$2047 = 2 \times 966 \quad + 115,$$

$$966 = 8 \times 115 \quad + 46,$$

$$115 = 2 \times 46 \quad + 23,$$

$$46 = 2 \times \mathbf{23}.$$

なるほど，これらの数には共通の約数 23 が含まれていることが分かりました．よって，これを処理して，以下の既約分数を得ます.

$$\frac{2047}{170867} = \frac{23 \times 89}{23 \times 7429} = \frac{\mathbf{89}}{\mathbf{7429}}.$$

しかし，最後に共通の約数が現れるということは，はじめの分数の中に，すでにそれが含まれていたわけです．この問題を調べましょう．実は，両分数の分母は，次のように素因数分解ができたのです.

$$\frac{2}{391} + \frac{3}{437} = \frac{2}{17 \times 23} + \frac{3}{19 \times 23}.$$

この二つの分母を掛け合わせて作った「共通の分母」:

$$170867 = (17 \times 23) \times (19 \times 23) = 17 \times 19 \times 23^2$$

には，23 が一つ余分に入ってしまった，といえるでしょう．以上で，共通の分母として目指す目標を，$17 \times 19 \times 23$ とすればよいことが分かりました．もう一度やってみましょう.

$$\frac{2}{391} + \frac{3}{437} = \frac{2}{17 \times 23} + \frac{3}{19 \times 23}$$
$$= \boxed{\frac{19}{19}} \times \frac{2}{17 \times 23} + \boxed{\frac{17}{17}} \times \frac{3}{19 \times 23}$$
$$= \frac{19 \times 2}{19 \times 17 \times 23} + \frac{17 \times 3}{17 \times 19 \times 23}$$
$$= \frac{38}{19 \times 17 \times 23} + \frac{51}{17 \times 19 \times 23}$$
$$= \frac{38 + 51}{17 \times 19 \times 23} = \frac{89}{7429}.$$

このように，二つの分母の倍数を作るとき，もっとも小さい倍数を選ぶことができれば，計算に無駄がありません．この場合でしたら，7429 ＝ 17 × 19 × 23 が，391 ＝ 17 × 23 と 437 ＝ 19 × 23 のもっとも小さい共通の倍数となります．これを「**最小公倍数**」と呼びます．

したがって，通分に必要な作業の要点は，**両分母の最小公倍数を見付け出す**ことである，といえそうです．確かに最小公倍数を用いた上の計算には，まったく無駄がありません．

しかし，これは，皆さんが最初から目標とすべきものではありません．最小公倍数が見付からないために，通分に失敗してしまうのは，大変つまらないことです．この問題が典型的ですが，最小公倍数は"目で見ただけ"では，そうそう簡単に見付かるものではありません──分母の素因数分解が与えられている場合は別ですが，計算から最小公倍数を見出すためには，互除法を利用するしか手がありません．

最小公倍数を見付け出す手間で，両分母の単純な掛け算から共通分母は作れてしまいます．とにかく，**通分を早く済ませて，その後に約分に移る**，というのが一番失敗の少ないやり方です．

最後に，分数同士の加減の様子を模式的に書いておきましょう．

$$\frac{\bigcirc}{\square} + \frac{\blacklozenge}{\blacktriangle} = \frac{\bigcirc \times \blacktriangle + \square \times \blacklozenge}{\square \times \blacktriangle}, \quad \frac{\bigcirc}{\square} - \frac{\blacklozenge}{\blacktriangle} = \frac{\bigcirc \times \blacktriangle - \square \times \blacklozenge}{\square \times \blacktriangle}$$

ただし，皆さんはこのような"模様"を，単純に覚えようとしたりせずに，「1 の変形」など，数や計算の持つ意味，その中身を考えながら，少しずつ前へ進んでいくようにして下さい．

518

67 約数と倍数のまとめ

　約分をするときに必要となる公約数，通分をするときに必要となる公倍数．一つの数の約数・倍数が，二つ以上の数に共通するもの，共通する性質として捉えられたとき，そこには**"公"の字が添えられた広い世界がありました**．約数と倍数，両者の関係を探りましょう．

約数・公約数・最大公約数

　一般的には，二つ以上の数に共通する性質として，論じられる公約数，公倍数ですが，やはり最初は，一つの数の約数，倍数から話をはじめるのが分かりやすいでしょう．

　皆さんは，素因数の積に分解された数の約数を求めることは，簡単にできますね．ここでは，二つの数の約数，倍数をそれぞれ単独に扱っていき，最後に共通する性質を導き出す，という方法を採ります．

　たとえば，次の二数 $18 = 2 \cdot 3^2$，$24 = 2^3 \cdot 3$ はどうでしょうか．約数を求めるためには，素因数を利用した展開式によるのが便利でした．

$$18 : (2^0 + 2^1)(3^0 + 3^1 + 3^2), \quad 24 : (2^0 + 2^1 + 2^2 + 2^3)(3^0 + 3^1).$$

これらの式を展開した結果，各々の約数が次のように定まりました．

$$18 \text{ の約数} \quad \{1, 2, 3, 6, 9, 18\},$$
$$24 \text{ の約数} \quad \{1, 2, 3, 4, 6, 8, 12, 24\}.$$

　約数とは，与えられた数を割り切る数，の意味ですから，どんなに大きな数を与えられても，約数はその数以下の大きさになりますので，**個数は有限個であり，そのすべてを列挙することができます**——ものすごく大きな紙と，ものすごい時間が掛かるかもしれませんが．

そこで,「**最大の約数**」というものが考えられるわけです.それは,一個の数に対する約数の場合,その数自身となります.また,"最小の約数"は1となります——通常,こういう呼び方はしませんが.

さて,先に掲げた約数の一覧を見ながら,二つの数に共通する約数,すなわち,公約数を書き出してみましょう.

$$\{1, 2, 3, 6\}$$

の四つですね.この中で最大の数である6が,与えられた二数18, 24の最大公約数ということになります——もし,公約数が「1」しか存在しない場合には,その二数は"互いに素"と呼ばれるのでした.

最大公約数が
見つかれば…

最大公約数は，重要な役割を担っています．
　まず，「**すべての公約数は最大公約数の約数**」であったことを思い
出して下さい．本当にそうなっているか，確かめておきましょう．
　6の素因数分解は，2×3ですから，展開式：

$$6 : (2^0 + 2^1)(3^0 + 3^1) = 2^0{\cdot}3^0 + 2^0{\cdot}3^1 + 2^1{\cdot}3^0 + 2^1{\cdot}3^1$$

により，$\{1,2,3,6\}$ と定まります――これで確認ができました．

　したがって，最大公約数さえ見付ければ，面倒な作業をしなくとも，
すべての公約数が求められるわけです．これはうれしいことです．す
べての場合を列挙して，その中から希望のものを探すのは，如何に大
きな紙と時間に余裕がある人でも大変なことですからね．

すべての公約数が見つかる。

そこで，最大公約数の求め方，その意味を素因数分解の立場から考えていきましょう．先に二つの数の約数のリストを作りましたが，これを少々奇妙な方法で表してみましょう．

$$\{1, 2, 3, 6, 9, 18\} : \mathbf{18}$$

$$\mathbf{24} : \{24, 12, 8, 4, 1, 2, 3, 6\}$$

単に，数の列をズラして書いただけですが，何となく雰囲気が出ていませんか．公約数というものは，二数の素因数の共通の部分，すなわち，重なりの部分ですから，その部分を取り出すように注意しながら，元の数の素因数分解を見ればよいわけです．次に

$$2 \times 3 \times 3 = \mathbf{18}$$

$$\mathbf{24} = 2 \times 2 \times 2 \times 3$$

はどうでしょうか，これも面白い表記でしょう．

もう少し現実的なものとしては，話を逆転させて，まさに既約分数を作る問題そのままに

$$\frac{18}{24} = \frac{2 \times 3^2}{2^3 \times 3} = \boxed{\frac{2 \times 3}{2 \times 3}} \times \frac{3}{2^2}$$

と書くのはどうでしょうか．「1の変形」として，**取り出される部分の分子，あるいは分母が，最大公約数となります**．

二つの数の最大公約数とは，話し上手な友達のようなものです．二人に共通する"話題"をもれなく知っているため，いつも会話が弾みます——各々の素因数が"話題"というわけです．

与えられた数が，素因数分解できない場合には，ユークリッドの互除法によるのが，もっとも一般的な最大公約数の求め方となります．

倍数・公倍数・最小公倍数

　一方，倍数とは，与えられた数に対して，自然数を順に掛け算して得られる数ですから，**無限に存在します**——公倍数の場合には，正の数を考えるのが普通です．数え終わりはありません．いくらでも大きな倍数が考えられるわけです．

　そこで倍数のリストも「…」を含んだ，次の形式のものになります．

　　18 の倍数　$\{18, 36, 54, \mathbf{72}, 90, 108, 126, \mathbf{144}, 162, 180, \dots\}$,

　　24 の倍数　$\{24, 48, \mathbf{72}, 96, 120, \mathbf{144}, 168, 192, \mathbf{216}, 240, \dots\}$.

これら二数に共通する倍数，すなわち，公倍数は次のようになります．

$$\{\mathbf{72}, 144, 216, 288, 360, 432, 504, 576, \dots\}.$$

　このように，倍数には限りがなく，公倍数にも限りがありません．よって，最大の数なるものは，考えることができないのです．一方，最小の数は存在します．特に公倍数の最小のものを「**最小公倍数**」と呼んでいるわけです．また，このリストを見ても分かるように，「**すべての公倍数は最小公倍数の倍数である**」ことが知られています．

　二つの数の最小公倍数とは，二数のどちらにも変身できる魔法使いのようなものです．魔法使いの袋の中には，それらの素因数という変身用の衣装が，"必要最小限"だけ入っているのです．

　18 に変身するためには，「2 が一つと 3 が二つ」必要です．24 のためには，「2 が三つと 3 が一つ」です．したがって，袋の中に，「2 が三つと 3 が二つ」あれば，そのどちらにも対応できますね．

最大公約数と最小公倍数の関係

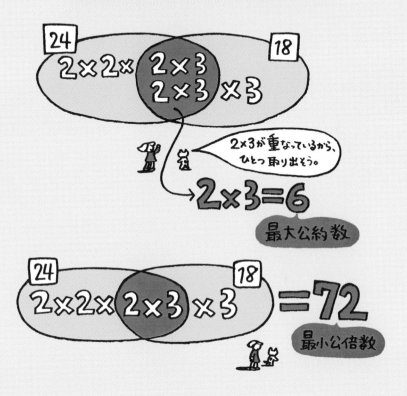

|24| 2×2× 2×3 2×3 ×3 |18|

2×3が重なっているから、ひとつ取り出そう。

→ 2×3＝6

最大公約数

|24| 2×2× 2×3 ×3 |18| ＝72

最小公倍数

つまり、

18と24の積　は　最大公約数 × 最小公倍数

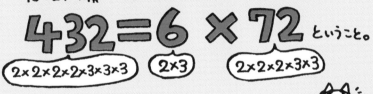

432 ＝ 6 × 72 ということ。

(2×2×2×2×3×3×3)　(2×3)　(2×2×2×3×3)

なるほど！

　この袋の中身こそ最大公約数（$2^3 \cdot 3^2 = 72$）そのもの，ということになります．魔法使いといえども，重たい袋は苦手とみえて，必要な分だけしか衣装を用意していない，というわけです．

　二数を素因数が入った円で表すと，「**互いに素**」であれば円は重なりません．もし，重複する部分があれば，そこには二数に共通する素因数が存在します．それら素因数の積が「**最大公約数**」になります．
　重なった二円からできる形式の面積は，元の円の面積を足したものから，二重になった部分の面積を一つ分だけ除いておかなければなりませんね．その除くべき面積が，最大公約数に相当するわけです．また，形式全体の内部にある素因数の積が「**最小公倍数**」になります．
　よって，元々の円の面積を単純に合計したものは，重なった全体の面積と，取り除いた重複部分を足したものに等しくなります．
　これを素因数の立場から書き直せば

与えられた二数の積＝最大公約数 × 最小公倍数

ということになります．この関係は非常に重要です．この式を利用することで，分数に関わる公約数，公倍数の問題はすべて解決します．

　与えられた数が，素因数分解されている場合はただちに．もし，されていない場合には「ユークリッドの互除法」により，「最大公約数」が求められ，その約数を求めることから，すべての「公約数」が定まります．これを元にして，今示した関係から最小公倍数が求められ，そしてすべての公倍数が得られる，という仕組です．
　その結果，二数を分子・分母とする分数ならば，約分においては最大公約数が，通分においては最小公倍数が利用できるわけです．

68 拡がる分数の世界

　本書もようやく分数の全体像をまとめるところまで来ました．今までにご紹介しました様々な計算を，ここで一気に振り返ってみましょう．

四則計算のまとめ

　分数とは"二階建ての数"である，と繰り返し記してまいりました．一階の住人を分母，二階の住人を分子，と呼ぶのでした．

$$分数 = \frac{分子}{分母}.$$

　これは，割られる数を分子，割る数を分母とする，割り算の表現と見ることもできました．

$$\frac{割られる数}{割る数} \longleftrightarrow \frac{分子}{分母}.$$

　さて，ここで**分数の計算法則**に関してまとめておきましょう．ただし，以下に示します"奇怪なもの"を，そのまま覚えようとすることはお勧めできません．人間はいくら真剣に覚えても，忘れます．中途半端に覚えることも，一部分を忘れることも同じこと，結局混乱するだけです．**大切なのは，奥に秘められた"内容を学ぶこと"です．**

　まずは，乗除に関する法則です——ただし，各分数の分母は「0」ではありません．絨毯の柄のような表現を楽しんで下さい．

$$乗法: \frac{\bigcirc}{\square} \times \frac{\blacklozenge}{\blacktriangle} = \frac{\bigcirc \times \blacklozenge}{\square \times \blacktriangle},$$

$$除法: \frac{\bigcirc}{\square} \div \frac{\blacklozenge}{\blacktriangle} = \frac{\bigcirc \times \blacktriangle}{\square \times \blacklozenge}.$$

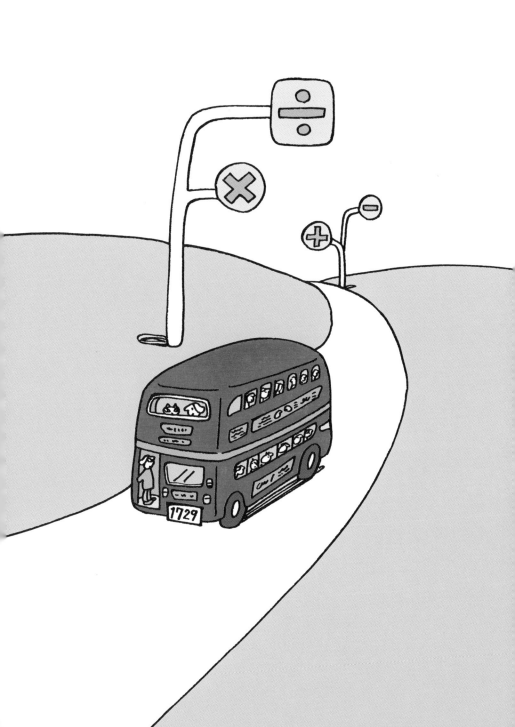

具体的な計算例です.

$$\frac{2}{3} \times \frac{5}{7} = \frac{10}{21}, \quad \frac{2}{3} \div \frac{5}{7} = \frac{14}{15}.$$

　一般的な関係は，常に具体例で試して下さい．また，具体的な例題をたくさん解いていくと，一般的な法則が見付かる，という人間の持つ知性の不思議さも，その楽しさも是非体験して下さい.

　さらに，電卓計算による小数の乗除を書き添えておきます．はじめに分数ごとに計算をし，それを後から掛け算した場合です.

0.6666666		0.7142857		0.4761904
2 ÷ 3 =	×	5 ÷ 7 =	⇒	① × ② =
①		②		

　次は，分数同士の掛け算を済ませてから，それを電卓で小数に直した場合，すなわち，10/21 の計算です.

0.4761904
1 0 ÷ 2 1 =

この場合，二つの小数は"偶然"一致しました.

　もう一つ，同様にやってみましょう.

0.6666666		0.7142857		0.9333332
2 ÷ 3 =	÷	5 ÷ 7 =	⇒	① ÷ ② =
①		②		

分数同士の割り算をした後に直した場合，すなわち，14/15 の計算は

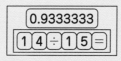

となります．この場合，**両者の末尾の数字は「1」だけ違っています**．

　このように，無限循環小数である 2/3 や 5/7 などを，有限桁（この場合八桁）で処理した場合には，**計算による誤差**が生じます．また，計算の手法によって，誤差の"溜まり具合"が違うので，それぞれに異なる結果が出てしまいます．

　ですから，電卓などを用いて小数に直す計算の場合，それを利用する回数は，少なければ少ないほど，誤差が出にくくなるわけです．この場合には，分数計算を済ませてから，電卓を用いた手法の方が，より精度の高い数字が得られるわけです．

　次は加減の法則です．

$$加法：\frac{○}{□} + \frac{◆}{▲} = \frac{○×▲+□×◆}{□×▲},$$

$$減法：\frac{○}{□} - \frac{◆}{▲} = \frac{○×▲-□×◆}{□×▲}.$$

具体的な計算例です．

$$\frac{5}{7} + \frac{2}{3} = \frac{29}{21}, \qquad \frac{5}{7} - \frac{2}{3} = \frac{1}{21}.$$

　加減に関しても電卓を用いて計算して下さい．電卓を利用する場合には，**結果には必ず誤差が含まれている**，ということを忘れないで下さい．それは如何に大型，高性能の計算機を使おうと同じことです．

　ここで，本書唯一の，かつ "最高の練習問題" を出しておきましょう．次の単位分数の和を求めて下さい．

$$1 + 1 + \frac{1}{2!} + \frac{1}{3!} + \frac{1}{4!} + \frac{1}{5!} + \frac{1}{6!} + \frac{1}{7!} + \frac{1}{8!} + \frac{1}{9!} + \frac{1}{10!}.$$

　一気に全体を通分するのではなく，前から順番に一つずつ通分しては加えていき，項を減らしていく方法がいいでしょう．電卓で数値を求め，項を加えるごとに変化する，その動きを楽しんで下さい．

　最終的な答は，次のようになります．

$$\frac{9864101}{3628800} \rightarrow \boxed{2.7182818}$$

　確かにこうなるか，必ず自分でやってみて下さい．

　これはそれ自体には意味の無い，単なる計算練習ではありません．**数学でもっとも重要な意味を持つ数の一つ，その求め方の一例なのです**．この一問をやり抜くことは，"百問を学ぶに値する" でしょう．

正の分数・負の分数

　さて，本章の最後に，割り算における "数の範囲" の問題について考えておきましょう．

$$(-4) \div 2 = -2, \quad 4 \div (-2) = -2$$

という負の数を含んだ割り算から，自然に

$$\frac{-4}{2} = -2, \quad \frac{4}{-2} = -2$$

が導かれます. また, 分数の計算規則から, 以下の関係が分かります.

$$\frac{-4}{2} = \frac{(-1) \times 4}{2} = (-1) \times \frac{4}{2} = -\frac{4}{2},$$

$$\frac{4}{-2} = \frac{4}{(-1) \times 2} = (-1) \times \frac{4}{2} = -\frac{4}{2}$$

よって, **分数の世界は, ちょうど整数の正負を飲み込んだ形で, さらに大きな拡がりを持つ**ことになりました. すべての正の分数に, 負号が付いた形で,「**負の分数**」が定まります. そして, それら正負の分数は, 全体として, 先に示しました加減乗除の法則にしたがうのです.

$$\frac{1}{1}, \frac{2}{1}, \frac{3}{1}, \frac{4}{1}, \frac{5}{1}, \frac{6}{1}, \frac{7}{1}, \frac{8}{1}, \frac{9}{1}, \frac{10}{1}, \frac{11}{1}, \frac{12}{1}, \cdots$$

$$\frac{1}{2}, \frac{2}{2}, \frac{3}{2}, \frac{4}{2}, \frac{5}{2}, \frac{6}{2}, \frac{7}{2}, \frac{8}{2}, \frac{9}{2}, \frac{10}{2}, \frac{11}{2}, \frac{12}{2}, \cdots$$

$$\frac{1}{3}, \frac{2}{3}, \frac{3}{3}, \frac{4}{3}, \frac{5}{3}, \frac{6}{3}, \frac{7}{3}, \frac{8}{3}, \frac{9}{3}, \frac{10}{3}, \frac{11}{3}, \frac{12}{3}, \cdots$$

$$\vdots \quad \vdots \quad \vdots \quad \vdots \quad \vdots \quad \vdots \quad \vdots \quad \vdots \quad \vdots \quad \vdots \quad \vdots \quad \vdots$$

が存在するのと同様に

$$-\frac{1}{1}, -\frac{2}{1}, -\frac{3}{1}, -\frac{4}{1}, -\frac{5}{1}, -\frac{6}{1}, -\frac{7}{1}, -\frac{8}{1}, -\frac{9}{1}, -\frac{10}{1}, -\frac{11}{1}, -\frac{12}{1}, \cdots$$

$$-\frac{1}{2}, -\frac{2}{2}, -\frac{3}{2}, -\frac{4}{2}, -\frac{5}{2}, -\frac{6}{2}, -\frac{7}{2}, -\frac{8}{2}, -\frac{9}{2}, -\frac{10}{2}, -\frac{11}{2}, -\frac{12}{2}, \cdots$$

$$-\frac{1}{3}, -\frac{2}{3}, -\frac{3}{3}, -\frac{4}{3}, -\frac{5}{3}, -\frac{6}{3}, -\frac{7}{3}, -\frac{8}{3}, -\frac{9}{3}, -\frac{10}{3}, -\frac{11}{3}, -\frac{12}{3}, \cdots$$

$$\vdots \quad \vdots \quad \vdots \quad \vdots \quad \vdots \quad \vdots \quad \vdots \quad \vdots \quad \vdots \quad \vdots \quad \vdots \quad \vdots$$

も存在するというわけです.

　一般に，正負の符号は**複号**「±」を用いてまとめられます．複号を用いれば，先の結果は次のような形になります．

$$\pm\frac{1}{1},\pm\frac{2}{1},\pm\frac{3}{1},\pm\frac{4}{1},\pm\frac{5}{1},\pm\frac{6}{1},\pm\frac{7}{1},\pm\frac{8}{1},\pm\frac{9}{1},\pm\frac{10}{1},\pm\frac{11}{1},\pm\frac{12}{1},\cdots$$

$$\pm\frac{1}{2},\pm\frac{2}{2},\pm\frac{3}{2},\pm\frac{4}{2},\pm\frac{5}{2},\pm\frac{6}{2},\pm\frac{7}{2},\pm\frac{8}{2},\pm\frac{9}{2},\pm\frac{10}{2},\pm\frac{11}{2},\pm\frac{12}{2},\cdots$$

$$\pm\frac{1}{3},\pm\frac{2}{3},\pm\frac{3}{3},\pm\frac{4}{3},\pm\frac{5}{3},\pm\frac{6}{3},\pm\frac{7}{3},\pm\frac{8}{3},\pm\frac{9}{3},\pm\frac{10}{3},\pm\frac{11}{3},\pm\frac{12}{3},\cdots$$

$$\vdots\quad\vdots\quad\vdots\quad\vdots\quad\vdots\quad\vdots\quad\vdots\quad\vdots\quad\vdots\quad\vdots\quad\vdots$$

　皆さんはこの小さな数表の中に，すべての分数がまとめて表記されていることが分かりましたか．分子の数は，左から右へと順に一つずつ大きくなっていき，分母の数は，上から下へ，同じように一つずつ大きくなっていきます．右方向へも無限，下方向へも無限の拡がりを持った，この"小さな表"はすべての分数を飲み込んでいるのです．

　ここに書かれたすべての数は，分母に自然数，分子に整数を配することで得られます．すなわち，より広い意味での分数とは

$$\text{分数} = \frac{\text{整数}(0,\pm1,\pm2,\cdots)}{\text{自然数}(1,2,3,4,\cdots)}$$

により定まる数の表現で，分母が「1（自然数）」のときには整数そのものを表します——分子が「0（整数）」のときには全体が0を表します．

　この意味での分数を，「**有理数**」とも呼びます．有理数は，これまでに学んできた，自然数，0，整数，そして，"二階建ての数としての分数"のすべてが含まれており，0で割ることを除いて，加減乗除のすべての計算が可能な，極めて重要な数の集団をなしています．

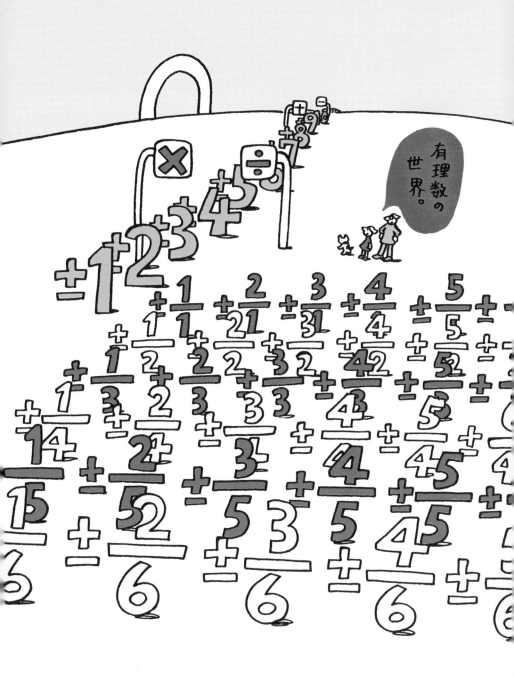

69 分数の風景

分数全体が作り出す "数の風景" は，どのようなものでしょうか．
ここでは，個別の分数を話題にのせるのではなく，分数同士の計算法則でもなく，数全体の持つ特徴について論じていきます．

素朴な話

今一度，「**自然数**」にまで戻りましょう．それは，1にはじまり，1ずつ増えていく数でした．したがって，「**隣の数**」というものが考えられたわけです——この性質は「**整数**」にも受け継がれました．

$$1, 2, 3, 4, 5, 6, 7, 8, 9, 10, 11, 12, 13, 14, 15, 16, 17, 18, \ldots$$

自然数は，無限の代表選手でした．その数の詰まり具合，"数の濃度" のことを「**アレフ・ゼロ**」と表現しました．いくら大きな数を考えても，それよりもまだ大きい無限．押しても引いても，有限の力ではどうすることもできない存在，それが無限でした．

ところで，皆さんは今，「**分数**」という新しい数を学んだところです．分数は，自然数をその内部に含んだ存在ですから，当然，無限に大きな分数というものが考えられます．その一方で

$$\frac{1}{10}, \frac{1}{10^2}, \frac{1}{10^3}, \frac{1}{10^4}, \frac{1}{10^5}, \frac{1}{10^6}, \frac{1}{10^7}, \frac{1}{10^8}, \frac{1}{10^9} \cdots$$

といった数の列を書いても，もう不思議がる人はいないでしょう．「なるほど，分数が並んでいるな．でも本当に小さな数だなあ」と思うだけでしょう．小数の方が実感が出るでしょうか．

$$0.1, \ 0.01, \ 0.001, \ 0.0001, \ 0.00001, \ 0.000001, \ 0.0000001, \ldots$$

とても書き切れません．0の洪水です．

以上の数の列は，何を表しているのでしょうか.

1を10で割ることを繰り返せば，このような列が誰にも簡単に作り出せます. そして，この作業に終わりはありません. 終わらなければならないような，特別の理由がないからです.

したがって，いくらでも計算を続けていくことができ，いくらでも小さい数を書いていくことができるのです.

しかも，その数は決して0ではありません.

すなわち，私達は分数という数を調べていく中に，いくらでも小さな数を作り出せること，別の言い方をしますと，いくらでも0に近い数を作り得ること，を発見したわけです.

分数の世界は，大きな数の方向へも無限，小さな数の方向へも無限，というとても不思議で興味深い性質を備えているのです.

お隣さんの話

また，**分数には，自然数や整数のように，"お隣さん"と呼べる数がないことも**，その特徴の一つといえるでしょう.

自然数ならば簡単です. 2の隣は小さい方向へは1，大きい方向へは3と決まっています. 自然数の世界では，"数達"は安心して暮らしているでしょう. 隣の数は決まっており，その間隔も一定で変わりませんから，急に目の前に現れて，驚かされることはありません.

一方，分数の世界は違います. 分数の世界には，与えられた二つの数の間に，無数の分数が存在します. どんなに小さな間隔で二数を定めようと，そんな小細工には無関係に，無数の分数が，いくらでも近くに存在するのです. 彼らには安らぎがないでしょう.

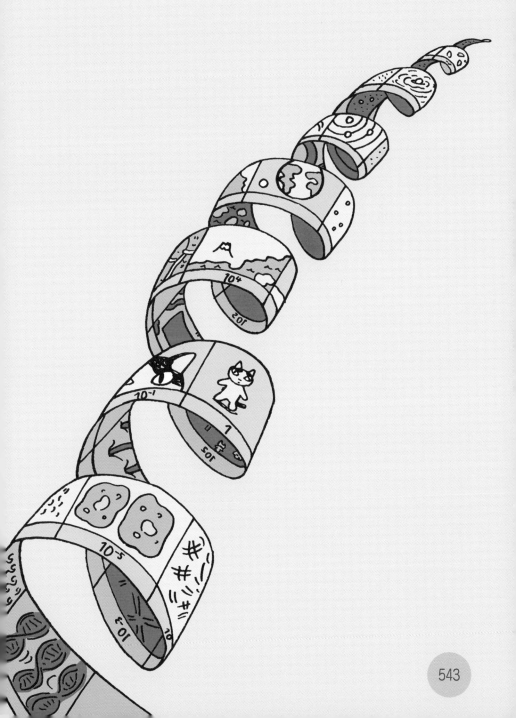

突然，隣にやって来て，「今日は！」と言われたら，誰だってビックリしますよね．それが，ビックリの間に，また別の分数が入って来て，二度ビックリ．その間にもまた入って来て，もう疲れてビックリもできないくらい，ビックリさせられるのです．

これは2で割り算する──与えられた区間を半分にする──という計算が示している景色です．たとえば，二数を1,2と選びましょう．

$$\frac{1+2}{2} = \frac{3}{2} = 1+\frac{1}{2} = 1.5,$$

$$\frac{1+3/2}{2} = \frac{5}{4} = 1+\frac{1}{4} = 1.25,$$

$$\frac{1+5/4}{2} = \frac{9}{8} = 1+\frac{1}{8} = 1.125,$$

$$\frac{1+9/8}{2} = \frac{17}{16} = 1+\frac{1}{16} = 1.0625,$$

$$\frac{1+17/16}{2} = \frac{33}{32} = 1+\frac{1}{32} = 1.03125,$$

$$\vdots$$

こうして，いくらでも1に近いところに分数が存在するのです．

どんなに大きく間隔を取ろうと，どんなに小さく間隔を取ろうと，それを二等分することは，いつでも容易にできますね．そして，その中には無数の分数が詰まっているのです．このような数の性質を「稠密」と呼びます──びっしりと数が詰まっている，という意味です．

一列に分数を記していくことができれば，それは黒々とした一人前の「数直線」に見えるでしょう．それでは，大きい方にも，小さい方にも「無限」と関係する数，分数とは，どれくらい"濃い"ものなのでしょうか．数の濃度は，どうなっているのでしょうか．

70 無限を結ぶ径路の謎

　第三部では，二階建ての数，分数を追いかけながら，様々な数の性質について，ご説明してまいりました．最後を締めくくるのは，やはり無限の話がいいでしょう．分数を取り巻く無限のドラマ．またしても，皆さんの直観は裏切られるでしょう．

　さて，最終章．はじめましょうか．

整列する分数

　第 68 章で，すべての分数を一つの表の形式に表すことができる，ということを示しました．これは，分子に整数，分母に自然数を配し，左から右へ，上から下へと，一つずつ数を増やしていくことにより得られます．また，正・負の数を同時に扱うために複号を用います．

　もう一度，御覧に入れましょう．

$$\pm\frac{1}{1}, \pm\frac{2}{1}, \pm\frac{3}{1}, \pm\frac{4}{1}, \pm\frac{5}{1}, \pm\frac{6}{1}, \pm\frac{7}{1}, \pm\frac{8}{1}, \pm\frac{9}{1}, \pm\frac{10}{1}, \pm\frac{11}{1}, \pm\frac{12}{1}, \cdots$$

$$\pm\frac{1}{2}, \pm\frac{2}{2}, \pm\frac{3}{2}, \pm\frac{4}{2}, \pm\frac{5}{2}, \pm\frac{6}{2}, \pm\frac{7}{2}, \pm\frac{8}{2}, \pm\frac{9}{2}, \pm\frac{10}{2}, \pm\frac{11}{2}, \pm\frac{12}{2}, \cdots$$

$$\pm\frac{1}{3}, \pm\frac{2}{3}, \pm\frac{3}{3}, \pm\frac{4}{3}, \pm\frac{5}{3}, \pm\frac{6}{3}, \pm\frac{7}{3}, \pm\frac{8}{3}, \pm\frac{9}{3}, \pm\frac{10}{3}, \pm\frac{11}{3}, \pm\frac{12}{3}, \cdots$$

$$\vdots \qquad \vdots \qquad \vdots \qquad \vdots \qquad \vdots \qquad \vdots \qquad \vdots \qquad \vdots \qquad \vdots \qquad \vdots \qquad \vdots \qquad \vdots$$

　表の先頭に「0」を付け加えておけば，これは正しく「**全分数の一覧表**」となります．すごいものが手に入りましたね．

547

　この一覧表からもれている分数はあるのか．この手法から逃れることはできるか否か．答は明快，"それは不可能"です．この表には，確かにすべての分数がリストアップされており，どんなに逃げ足が早くても，この表の吸収力から逃れる術はありません．

　さて，大きくも無限，小さくも無限に存在した分数も，こうして何とか表の形に収めることができました．ここまで来ると，分数の無限とはどのようなものか．数の濃度は，どれくらいなのだろうか．自然数の濃度「アレフ・ゼロ」と比べたくなりますね．

　お隣さんが遠くに見える，隙間だらけの自然数の世界と，どんなに小さな隙間にも，無限に数の詰まった分数の世界と，その濃度を比べるだなんて，いささか"分数諸君"に失礼かもしれませんが……

　とにかく，分数の一覧表はできたので，メンバーを順に紹介したいものです．しかし，左から右へ順に進み，無限の彼方まで行ってから，帰ってこようと考えても，それは無理です．行ったら最後，帰れないのが無限の世界の掟です．では，一覧表の中のすべての分数を，もれなく，一度だけ並べることはできるのでしょうか．

常識に挑む数の世界

　実は，これは「一筆書きの問題」なのです．
　その解答，無限を結ぶ"大迷路"の中を通り抜ける技を御覧下さい．

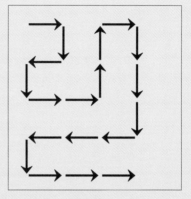

$$\pm\frac{1}{1} \rightarrow \pm\frac{2}{1} \quad \pm\frac{3}{1} \rightarrow \pm\frac{4}{1} \quad \pm\frac{5}{1}\cdots$$

もれなく数えるための「径路1」

なんと！　すべての分数を順番に通って行く径路がありました. 実は，こうした径路の取り方は色々と工夫することができるのです. 皆さんも考えてみて下さい. 参考までに「**径路2**」も書いておきます.

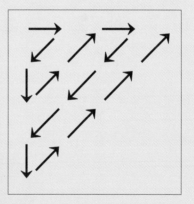

$$\pm\frac{1}{1} \rightarrow \pm\frac{2}{1} \quad \pm\frac{3}{1} \rightarrow \pm\frac{4}{1} \quad \pm\frac{5}{1}\cdots$$

もれなく数えるための「径路2」

さあ，大変なことになりました. 難しいことを考える前に，まずは「**径路1**」にしたがって，矢印の通りに分数を拾い出してみましょう.

$$\pm\frac{1}{1},\ \pm\frac{2}{1},\ \pm\frac{2}{2},\ \pm\frac{1}{2},\ \pm\frac{1}{3},\ \pm\frac{2}{3},\ \pm\frac{3}{3},\ \pm\frac{3}{2},\ \pm\frac{3}{1},\ \pm\frac{4}{1},\ \pm\frac{4}{2},\ \pm\frac{4}{3},\ \pm\frac{4}{4},\cdots$$

　この中には，約分すれば一致してしまう分数も，数多く見受けられます．前から順に既約分数だけを残し，他を消していきましょう．

$$\pm1,\ \ \pm2,\ \ \pm\frac{1}{2},\ \ \pm\frac{1}{3},\ \ \pm\frac{2}{3},\ \ \pm\frac{3}{2},\ \ \pm3,\ \ \pm4,\ \pm\frac{4}{3}\cdots$$

ずいぶん簡単になりましたね．先が見えて来ましたよ！

　複号を分解して，正の数，負の数を順番に並べます．第一番に 0 を配して，すべての分数を順番に並べる作業が完了します．

$$
\begin{array}{ccccccccccccccccc}
① & ② & ③ & ④ & ⑤ & ⑥ & ⑦ & ⑧ & ⑨ & ⑩ & ⑪ & ⑫ & ⑬ & ⑭ & ⑮ & ⑯ & ⑰ & \cdots \\
\downarrow & \downarrow & \downarrow & \downarrow & \downarrow & \downarrow & \downarrow & \downarrow & \downarrow & \downarrow & \downarrow & \downarrow & \downarrow & \downarrow & \downarrow & \downarrow & \downarrow \\
0 & 1 & -1 & 2 & -2 & \frac{1}{2} & -\frac{1}{2} & \frac{1}{3} & -\frac{1}{3} & \frac{2}{3} & -\frac{2}{3} & \frac{3}{2} & -\frac{3}{2} & 3 & -3 & 4 & -4 & \cdots
\end{array}
$$

　こうして一列に数が並べられる，ということには大変な意味があります．順番に並べられること，すなわち，自然数で番号付けができること，すなわち，「一番目の分数 0」「二番目の分数 1」「三番目の分数 −1」……とできることとは，**分数が，自然数と同じだけ存在すること，同じ濃度「アレフ・ゼロ」を有すること**を示しているのです．

　これは私達の直観を裏切る結論です．目に見えない隙間の中にも，ギッシリと数が詰まっているはずの分数が，ガラガラの自然数と同程度にしか存在しないなんて．数の世界の奥深さ，その神秘を感じざるを得ません．皆さんはどのように思われたでしょうか．

　宇宙旅行も素敵な夢です．小説世界も心ときめくものでしょう．自然現象の中にも，不思議なことは山のようにあります．山も海も生物も人も，大自然のほとんどは謎に包まれており，その解明が待たれています．しかし，それと同程度に，あるいはそれ以上に，数学の世界には，不思議なことがたくさんあるのです．人間の営みが数学を生み，そして生まれた数学が再び私達を魅了しているのです．

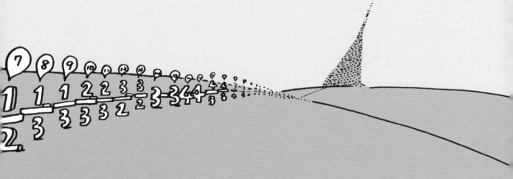

現実の世界にヒントを得た考え方も，そうでないものもあります．数学の研究は，一人で行う場合も，何人かのグループで行う場合もあります．大学で行う研究も，企業の研究所で行う研究もあります．

ただ，どこの誰がどのように行おうとも，絶対に変わらないことがあります．それは一所懸命に考えること，考えて考えて考え抜いて，何ヶ月も何年も，人生のエネルギーをこの一点に集中させて，考えた結果得られたもの，その全人類的集大成が数学だ，ということです．

はじめまして数学．さて皆さん，数学をはじめて頂けたでしょうか．

第三部では，どのような小さな隙間にも，無数の数が埋まっている，という分数の世界を紹介しました．しかし，この分数の間にも，まだ入る余地があったのです．いや，まだまだ入る余地があったのです．

　実は，分数の世界は空き地だらけの寂れた土地だったのです．数直線にも穴が一杯開いていたのです．その隙間に入って来る数とは，「分数ではない数」，決して「分数の形式には書けない数」なのです．

　それは"無理"だろう，なんて言わないで下さい．無限に続く小数の世界で，しかも循環もしない，そんな数があるのです．

　　　0.123456789101112131415161718192021222324252627282930⋯

はどうですか．この数の秘密が分かりますか？

　この数は果たして分数で書けるのでしょうか．ここから先は新しい無限の世界が待っています．「**アレフ・ゼロ**」より，もっともっとすごい無限が．さあ，皆さん，興味が湧いて来ましたか！

はじめまして数学───完

全体の復習：計算から内容を！

　本文とは逆に，数式からその意味を引き出し，自分自身に説明して下さい．これらの式は，何を主張しているのでしょうか．ここには，数値の新しい表し方や記号はありますが，計算そのものは，四則計算ができる人なら，簡単に実行できるものばかりです．その簡単な計算から意味を導き，整理することが一番効果的な復習になります．

第一部：数式　　　　　　　　　　　　登場頁

$$1,\ 2,\ 3,\ 4,\ 5,\ 6,\ 7,\ 8,\ 9,\ 10,\ 11,\ 12,\ 13,\ 14,\ 15, \ldots \quad \text{p.5}$$

$$11 + 22 = 22 + 11, \quad 22 \times 11 = 11 \times 22 \qquad \text{p.8}$$

$$600 < 151 + 246 + 373 < 1000 \qquad \text{p.23}$$

$$1964 = 1 \times 10^3 + 9 \times 10^2 + 6 \times 10 + 4 \qquad \text{p.32}$$

$$100000 = 1 \times (24 \times 60^2) + 3 \times 60^2 + 46 \times 60 + 40 \qquad \text{p.46}$$

$$1 + 2 + 3 + 4 + 5 + \cdots\cdots + 97 + 98 + 99 + 100 = 5050 \quad \text{p.100}$$

$$1 + 3 + 5 + 7 + 9 = 25\,(= 5 \times 5) \qquad \text{p.104}$$

$$2^{57885161} - 1 \qquad \text{p.122}$$

$$26190 = 2 \times 3^3 \times 5 \times 97 \qquad \text{p.136}$$

$$1 \times 2 \times 3 \times 4 \times 5 \times 6 \times 7 \times 8 \times 9 \times 10 = 10! = 3628800 \quad \text{p.144}$$

$$[15! \div (15 - 9)!] \div 9! = 5005 \qquad \text{p.158}$$

第三部：数式   登場頁

$$0 < \frac{1}{2} < 1, \quad \frac{1}{2} + \frac{1}{2} = 1, \quad \frac{1}{2} \times 2 = 1$$ p.345

$$0 < \cdots < \frac{1}{6} < \frac{1}{5} < \frac{1}{4} < \frac{1}{3} < \frac{1}{2} < 1$$ p.348

$$\frac{5}{7} \times \frac{7}{5} = 1$$ p.376

$$\left(\frac{5}{7}\right)^1 \times \left(\frac{5}{7}\right)^{-1} = \left(\frac{5}{7}\right)^{1+(-1)} = \left(\frac{5}{7}\right)^0 = 1$$ p.391

$$\frac{66}{35} = \frac{2 \times 3 \times 11}{5 \times 7}$$ p.398

$$2^0 + 2^1 + 2^2 + 2^3 + 2^4 = \frac{2^{4+1} - 2^0}{2^1 - 1} = \frac{2^{4+1} - 1}{2 - 1}$$ p.415

$$8128 = 1 + 2 + 3 + 4 + 5 + 6 + 7 + 8 + 9 + \cdots + 127$$ p.422

$$\{ 630 = 35 \times 18, \ 558 = 31 \times 18 \}$$ p.432

$$0.3333333 < \frac{1}{3} < 0.3333334$$ p.460

$$0.\dot{1}4285\dot{7} = \frac{142857}{999999} = \frac{1}{7}$$ p.497

$$\frac{1}{2} + \frac{1}{3} = \boxed{\frac{3}{3}} \times \frac{1}{2} + \boxed{\frac{2}{2}} \times \frac{1}{3} = \frac{3}{6} + \frac{2}{6} = \frac{5}{6}$$ p.510

$$0.123456789101112131415161718192021222324 25\ldots$$ p.555

「はじめまして」に憧れ込めて

　本書は，雑誌『子供の科学』の連載をまとめた三分冊の旧版を，三部構成の一冊としてリメイクしたものです．分冊時には，後に映画化もされた人気小説の参考図書として引用される等，望外の評価も頂きましたが，連載に必須の季節感が仇となり，単行本としては時代に沿わない部分も出てきました．そこで，細部を改め装いを一新しました．

　小学生を読者対象に含む著作としては，本格的すぎるという評価も頂きました．しかし，同じ小学生が楽器演奏を志すその切っ掛けは，**歴史的名曲，世界的名演奏との出会いにある**のではないでしょうか．四分音符だけの練習曲に憧れて，その道に進む人は少ないでしょう．

　学校教育における数学では，音階練習ならぬ計算練習と，解法の習得ばかりが強調される傾向にあります．音楽であれ数学であれ，基礎の反復は絶対に必要です．しかし，未知なるものへの期待，本物への憧れを持たぬままでは，人はその反復に耐えられないのです．

　そこで，「数学における歴史的名曲」との出会いを演出しました．憧れの対象さえあれば，計算練習も暗記も苦ではなく，喜びになります．反復こそが，日々の上達の手応えを与えてくれるからです．

　深く「考える」ためには，「分かりたい」という情熱が必要であり，長く情熱を保つためには「憧れ」が必要なのです．大切なことは

今この瞬間に分かることではなく，憧れることなのです．

　珠玉の名曲を揃えました．誠に拙い演奏ではありますが，学校教育を補完するものとして，御活用頂けますれば幸いです．

索引

著者紹介

吉田　武（よしだ　たけし）

京都大学工学博士（数理工学専攻）

数学・物理学の独習書を独自の視点から書き続けている.
東海大学出版部からは，数学三部作として
『虚数の情緒：中学生からの全方位独学法』—平成 12 年度「技術・科学図書文化賞」
（日本工業新聞社）受賞
『新装版 オイラーの贈物：人類の至宝 $e^{i\pi}=-1$ を学ぶ』
『素数夜曲：女王陛下の LISP』
が刊行されている.
また，電磁気学の基礎を初等的な実験を元に論じた
『呼鈴の科学：電子工作から物理理論へ』（講談社現代新書）
の視点と，本書の精神を融合させた物理学の入門書
『はじめまして物理』も刊行されている.

イラスト（カバー，本文）

大高 郁子（おおたか　いくこ）

イラストレーター

京都精華大学デザイン学科卒業.
主な仕事は書籍装画，雑誌挿絵，Web など.
2013 年度 HB ギャラリーファイルコンペ・日下潤一賞受賞.

　本書は 2014 年 12 月に東海大学出版部より発行された同名書籍（最終版：2020
年 2 月第 6 刷）を弊社において引き継ぎ出版するものです.

はじめまして数学 リメイク

2021 年 6 月 22 日　第 1 版第 1 刷発行

著　者	吉田　武
発行者	原田邦彦
発行所	東海教育研究所
	〒 160-0023 東京都新宿区西新宿 7-4-3 升本ビル
	電話 03-3227-3700　FAX 03-3227-3701
	eikyo@tokaiedu.co.jp
印刷所	株式会社真興社
製本所	誠製本株式会社